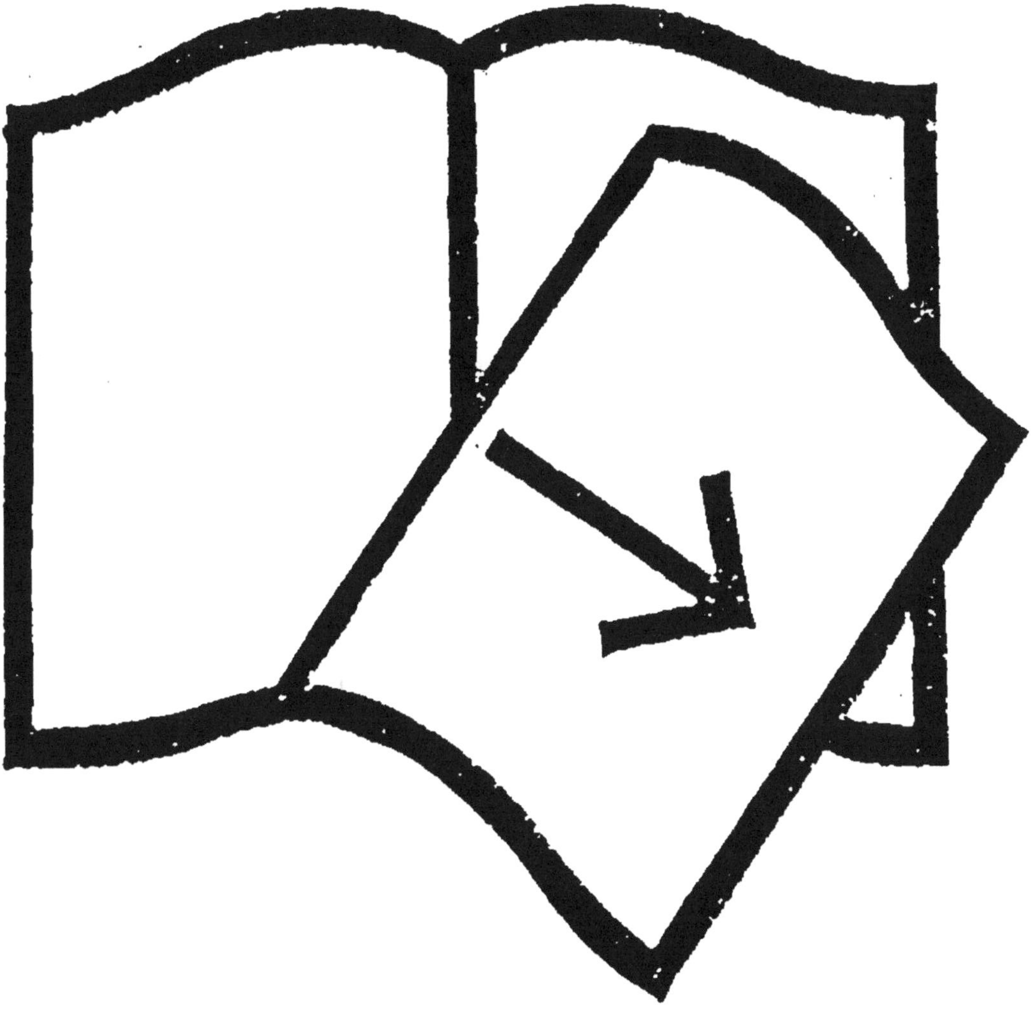

Documents manquants (pages, cahiers...)

NF Z 43-120-13

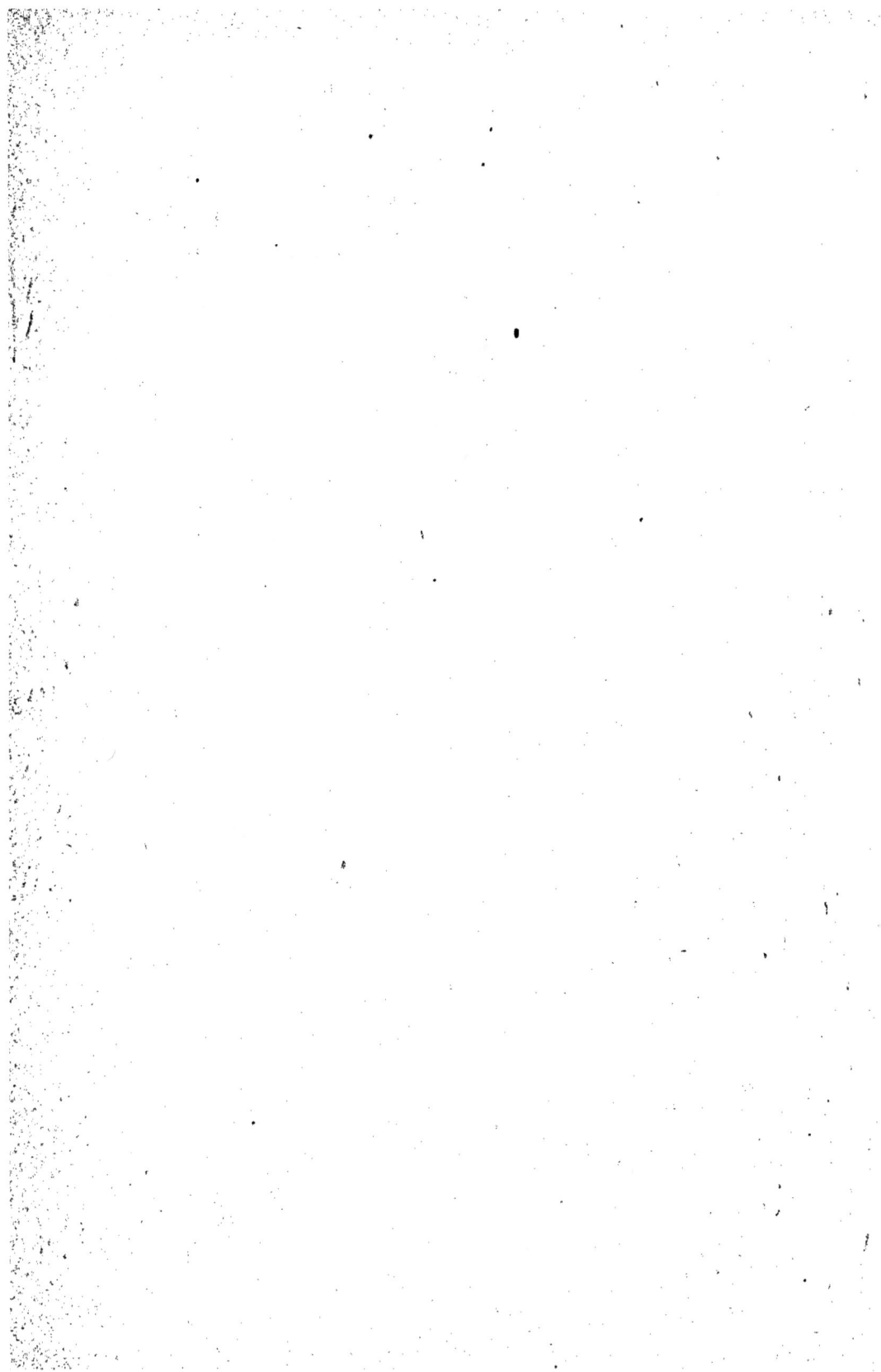

Les Mystiques devant la Science

OU

ESSAI SUR LE MYSTICISME UNIVERSEL

*

DU MÊME AUTEUR

Le Mécanisme de la Pensée au triple point de vue scientifique, philosophique et théosophique. Paris, 1902, br. gr. in-8. . . . 1 fr.

EN PRÉPARATION :

Les Mystiques devant la Science

ou

ESSAI SUR LE MYSTICISME UNIVERSEL

**

Les Phénomènes mystiques, objectifs et subjectifs

Les images mentales

L. REVEL

Les Mystiques devant la Science

OU

ESSAI SUR LE MYSTICISME UNIVERSEL

*

INVESTIGATIONS SCIENTIFIQUES DANS LE MYSTICISME.
LES MYSTIQUES DEVANT LES PHILOSOPHES MODERNES, LES PHILOSOPHES ÉCLECTIQUES ET LES THÉOLOGIENS.
RELATIONS ENTRE LE MYSTICISME CATHOLIQUE, L'ÉCOLE D'ALEXANDRIE ET LA TRADITION ÉSOTÉRIQUE DE L'ANTIQUITÉ.
MYSTICISME MUSULMAN ET HINDOU.
FOND PERMANENT DES CROYANCES MYSTIQUES.
UNITÉ, LA RÉINCARNATION, LA DÉIFICATION, LA MORALE MYSTIQUE.
DÉBRIS DE LA TRADITION. — MYSTÈRES GNOSTIQUES.
MYSTÈRES DES BARDES GALLOIS. — CREDO ÉSOTÉRIQUE.

PARIS
LUCIEN BODIN, LIBRAIRE
5, Rue Christine, 5
MCMIII

CHAPITRE Ier

INVESTIGATIONS SCIENTIFIQUES DANS LE MYSTICISME

Le domaine religieux qui avait échappé jusqu'ici aux investigations scientifiques, soit par respect ou indifférence, soit peut-être par ignorance de l'intérêt qu'il pouvait offrir à la science elle-même, est actuellement l'objet d'explorations très minutieuses de la part de nos plus éminents savants. De toutes parts, en France, en Suisse, en Amérique, surgissent des thèses sur le problème religieux, et en particulier sur le mysticisme que l'on considère comme le champ le plus fertile en phénomènes intéressant la vie profonde de l'esprit. Considérer de telles recherches comme une profanation, serait un respect mal compris, car les théologiens eux-mêmes ne craignent pas d'y apporter leur concours (1).

Certains explorateurs se sont jetés dans cette recherche avec l'idée préconçue qu'ils réussiraient à rattacher le domaine religieux à un département de la biologie ; mais il semble que, plus ils pénètrent dans l'intérieur du domaine, moins ils peuvent le circonscrire dans les limites qu'ils lui avaient préalablement assignées. Tous, d'ailleurs, psychologues et physiologistes, à l'exception toutefois des théologiens qui restent sur le terrain de la Religion révélée, tous comptent trouver les éléments essentiels du problème religieux dans le mysticisme dont certains phénomènes constituent les points culminants de la dévotion, et dont les doctrines touchent à l'essence même des religions. Mais ce n'est ni par l'étude comparée des religions, ni par l'examen des doctrines mystiques qu'ils effectuent leurs recherches, c'est par l'étude des phénomènes qui caractérisent l'émotion religieuse à son plus haut degré, ce que certains philosophes appellent « les maladies du sentiment religieux ». (2)

(1) R. P. Pacheu par exemple.
(2) Murisier.

Pour aborder ce vaste sujet du mysticisme par une étude large et complète, il convient de l'examiner tout d'abord à un point de vue général, en plaçant la question sur le terrain du mysticisme universel, car celui-ci existe, ayant eu et ayant encore des adeptes un peu partout. Certes, la Mystique chrétienne offre aux chercheurs un riche filon à exploiter, mais il est possible de trouver aussi des matériaux pour ce genre de travail dans des écrits antérieurs au mysticisme catholique, et dans des études récentes faites tant sur l'ésotérisme musulman que sur le mysticisme hindou. Celui-ci, longtemps tenu secret et enseveli dans la poussière des temples de l'Inde, vient d'être exhumé et, dégagé de ses symboles; il inspire déjà toute une littérature dont les principaux ouvrages n'ont pas tardé à être traduits dans presque toutes les langues sous le nom de Théosophie. Ce serait certes une fausse notion du véritable esprit scientifique que de laisser en dehors d'une étude générale de pareils documents, sous le prétexte qu'ils sont d'origine orientale. C'est la valeur intrinsèque des idées qui importe seule, et non la source d'où elles émergent.

« La géométrie analytique de Descartes, dit

M. Boutroux, en est-elle moins vraie, parce qu'il en rapportait l'invention à la sainte Vierge(1) ? »

D'où vient cette poussée irrésistible qui lance les psychologues dans cette exploration ? Pourquoi le monde des penseurs suit-il avec tant d'empressement, on pourrait même dire avec passion, cette lutte qui met face à face la science qui nie la religion, et la religion qui crie faillite à la science ? Nous croyons trouver la réponse à cette question dans quelques paroles prononcées par l'éminent académicien, M. Boutroux, à la fin d'une conférence faite sur le mysticisme à l'Institut psychologique. « Si, dit-il, ces réflexions ont quelque fondement, il semble qu'une étude large et complète du mysticisme n'offre pas seulement un intérêt de curiosité, même scientifique, mais intéresse encore très directement la vie et la destinée des individus et de l'humanité. »

(1). M. Boutroux, membre de l'Institut (Etude sur Jacob Boehme.)

CHAPITRE II

LES MYSTIQUES DEVANT LES PHILOSOPHES MODERNES

La première question qui se pose est évidemment celle de la définition du mystique, mais l'idée à exprimer présente une réalité tellement complexe, et des éléments si difficiles à concilier, qu'une simple définition sera toujours théoriquement insuffisante.

On peut dire qu'en Occident l'opinion que l'on a du mystique se subdivise en autant d'opinions particulières qu'il y a de conceptions différentes en matière de religion. Dans le monde catholique, les uns considèrent les mystiques comme des âmes simples possédant une foi ardente, vraiment vivante et capable de s'unir à Dieu par l'exaltation des puissances de l'âme, c'est-à-dire par l'extase et le ravissement ; d'autres ne verront en eux que des sujets à phénomènes extraordinaires, tels que les stigmates, par exemple, ou ayant été l'objet de phénomènes qu'ils considèrent comme d'ordre divin ou miraculeux, à la condition toutefois que le sujet appartienne à la fois orthodoxe, sinon les mêmes phénomènes seront considérés comme des manifestations diaboliques.

Dans le monde proprement dit, et dans un milieu à tendances religieuses, on donnera le nom de mystique à un dévot raffiné manquant de mesure et présentant quelques excentricités de caractère ou de conduite. Pour les médecins matérialistes et certains psychologues, le mystique sera un détraqué, un psychopathe, un aboulique, un déséquilibré, un hystérique, un futur pensionnaire d'aliénés ; et enfin, pour les philosophes, en général, le mystique sera un aventurier de la pensée, un chercheur de chimères, un extravagant qui vient se perdre dans l'océan des illusions, un douteur, un scrupuleux, un impulsif à idée fixe, enfin un monoïdéiste. . .

En Occident, l'opinion sur les mystiques oscille

donc entre deux pôles opposés : d'un côté, les idées de sainteté, de prophétie, d'extase, d'illumination de génie religieux ; et de l'autre côté les idées d'hystérie, d'hallucination, de maladies mentales et physiques, voire même de jonglerie et de diablerie.

En Orient, l'opinion est plus unifiée : dans l'ésotérisme musulman, on appelle mystiques ou soufis des individus qui, arrivés à la connaissance parfaite, sont parvenus à s'unir à l'Etre unique ; et dans l'ésotérisme hindou, on appelle Yoguis les mystiques qui ont concentré leur vie intérieure vers l'absolu pour gagner le Nirvana.

Une autre définition, citée par M. Boutroux, est celle de Plotin : « le mystique est celui qui voit avec les yeux de l'âme, pendant que sont fermés les yeux du corps (1). »

La même idée est aussi exprimée dans le livre hindou de Dzyan par le verset suivant : « Concentre ton regard d'âme, dit un maître à son élève en mysticisme, vers l'Unique et pure Lumière (2). Mais toute définition qui fera consister le mysticisme dans le phénomène de l'extase est insuffi-

(1) Boutroux.

(2) *Voix du Silence*, ouvrage théosophique.

sante, car on peut être mystique sans être extatique. Comme les esprits religieux se trouvent répartis en différentes classes sur l'échelle mystique, on ne peut faire une classification générale en prenant uniquement les faits caractéristiques qui correspondent à l'un des degrés de l'échelle ; il faut chercher le lien commun qui relie tous les mystiques entre eux.

Les travaux récents qui ont paru sur le mysticisme vont nous permettre d'élaguer quelques fausses conceptions que l'on s'est faites sur cette question en opposant une thèse à une autre. Mais ce n'est là qu'une partie incidente de notre étude. Nous voulons tout d'abord suivre le fil qui relie toutes les écoles mystiques, et nous espérons dégager, par une esquisse rapide, les points essentiels qui caractérisent le mysticisme universel, élément très important du problème religieux. Il est même assez singulier que les partisans des méthodes expérimentales se soient immédiatement attachés à analyser le monde subjectif en cherchant à pénétrer de suite dans la conscience mystique au lieu de retirer, au préalable, l'utile leçon que pouvait leur offrir une étude générale.

L'opinion qui présente les mystiques comme de simples malades, a beaucoup perdu de sa vogue aujourd'hui, même parmi les psychologues qui restent solidement attachés aux méthodes expérimentales. « Les matérialistes médicaux, dit M. William James (1), philosophe américain, ne sont au fond que des dogmalistes attardés, des théologiens à rebours, lorsqu'ils condamnent aujourd'hui certains phénomènes de conscience, certaines croyances, à cause de leurs origines morbides. Ce n'est pas ainsi qu'on en use dans les domaines où règne véritablement la méthode empirique : en science naturelle et dans l'industrie par exemple, on ne juge point une idée ou une conception nouvelle sur l'état de santé de son auteur, mais seulement sur sa valeur intrinsèque, en l'examinant tant en elle-même que dans ses conséquences expérimentales et son utilité pratique... Il n'est pas permis de conclure que le phénomène religieux est un trouble de nerfs ou de viscères, une tare de dégénérescence ou de survivance atavique, par la simple raison que ceux qui ont eu des expériences un peu saillan-

(1) Compte-rendu du livre dans la *Revue théosophique* de 1902.

tes dans le domaine religieux, se sont signalés par des phénomènes bizarres, des excentricités de conduite et de caractère, des hallucinations et de l'hystérie. » Ce philosophe, loin de contester l'union fréquente du génie religieux et du tempérament psychopathique, y voit plutôt une chose toute naturelle. Après avoir montré la grandeur et les faiblesses de la vie religieuse et fait le compte de ce que la nature humaine doit à l'influence du milieu et à la morbidité du tempérament, il aboutit à la glorification de la sainteté... « Les saints, dit-il, sont, en somme, les initiateurs de tout progrès moral, le levain des améliorations futures, les héros et les précurseurs du seul idéal biologiquement concevable d'une société arrivée à un état stable de perfection. » Il convient de remarquer que M. James, d'une rare éloquence, a une philosophie religieuse personnelle indépendante de toute attache, et que sa religion est empirique.

M. Leuba, auteur d'une étude très remarquée sur les tendances mystiques (1), s'élève avec énergie contre l'opinion que l'on a généralement sur

(1) Publiée dans la *Revue philosophique* de M. Ribot, 1902.

les mystiques : « On croit avoir tout dit, s'écrie-t-il, quand on a prononcé le mot fatidique d'hystérie en parlant des mystiques... Hystérique ou pas importe moins qu'on veut bien le croire. Ce n'est pas de l'hystérie que sort le mysticisme, il existe sans elle, elle ne peut que se joindre à lui en le modifiant plus ou moins. On a quelquefois, dit-il encore, assimilé les mystiques chrétiens à une classe de malades caractérisés par des doutes, des scrupules, de l'aboulie, des idées fixes et impulsives. Il peut y avoir certaines analogies mais il ne faut pas y regarder de bien près pour aller jusqu'à les classer ensemble... Chez les mystiques, les scrupules, les hésitations, les tourments moraux, n'ont aucune ressemblance avec les hésitations ridicules, les peurs injustifiables, les doutes puérils qui caractérisent les douteurs et les scrupuleux. Ces derniers sont des abouliques qui témoignent d'un morcellement inusité de la conscience et qui sont incapables d'unifier leur monde intérieur, de réunir et de coordonner leurs états psychologiques, tandis que si le mystique cherche à se débarrasser des idées impulsives, c'est parce qu'il les croit mauvaises, et s'il semble chercher les simplifications de sa vie psychique, ce n'est pas parce qu'elle est trop complexe pour ses forces de synthèse, mais c'est afin de ne pas réveiller ou fortifier les tendances que son moi repousse. Si les mystiques cherchent à limiter leur contact avec le monde par l'isolement et se mortifient, c'est pour affaiblir ou éliminer leurs sensations somatiques et leurs désirs corporels. Les mystiques ne sont pas plus des douteurs et des scrupuleux qu'ils ne sont des impulsifs ou des malades à idées fixes, à moins que l'on étende le sens de cette expression jusqu'à les faire renfermer dans les grandes idées directrices, comme l'amour de la gloire, de l'argent, du pouvoir, etc... L'homme, gouverné en tout par l'ambition d'un siège au Sénat est la proie d'une idée fixe au même titre que nos mystiques pour qui la réalisation de la volonté divine est le but de la vie. On nous accordera sans doute que la passion qui domine la vie est assez large et surtout assez rationnelle pour que l'expression idée fixe ne soit plus du tout appréciable. Ce n'est pas du reste une idée, c'est une direction qui est fixe chez eux. »

M. Boutroux dit (1) à ce sujet que si l'on con-

(1) Dans une conférence faite à l'Institut psychologique et reproduite dans la *Revue bleue*, mars 1902.

sidère les choses du dehors, il semble que l'on doive ramener les phénomènes mystiques à deux affections de l'esprit : l'auto-suggestion et le mono-idéisme... « Mais, ajoute-t-il, il n'en est pas toujours ainsi. L'homme de génie, lui aussi, est possédé par une idée, se suggère de la trouver grande et belle, et en arrive à agir comme automatiquement d'après cette idée. Et ce n'est pas seulement l'homme de génie encore voisin du mystique qui offre des exemples d'auto-suggestion et de mono-idéisme. Ces deux phénomènes se rencontrent chez tout homme d'action, chez tous ceux qui se donnent à une cause, à une mission, à une tâche... La concentration de nos facultés n'est-elle pas, d'une manière générale la condition, le principe de l'action ? » La conclusion de M. Boutroux est que l'on n'a rien énoncé qui puisse déterminer la valeur absolue du mysticisme quand on l'a ramené à l'auto-suggestion et au mono-idéisme.

On voit donc que ces philosophes se refusent à reconnaître que la source des phénomènes mystiques soit dans les variétés de phénomènes vulgaires et morbides ou dans les états spéciaux, anormaux ou pathologiques que l'on rencontre, non chez tous, mais chez certains mystiques.

Qu'est-ce donc alors qu'un mystique ? Pour M. Leuba, un mystique est un homme à tendances qui ne sont nullement la propriété particulière de la religion, mais qui se manifestent dans toutes les phases de la vie. Ces tendances sont religieuses et remplissent la vie tout entière avec cette distinction toutefois que la vie religieuse diffère de la vie séculière, par le ou les moyens que l'homme met en jeu pour obtenir la satisfaction de ses désirs, et non pas ces désirs eux-mêmes qui séparent la religion du reste de la vie. « La différence n'est pas dans les aspirations, dans les désirs, dans les tendances, c'est-à-dire les sources mêmes de la vie, mais dans les moyens employés pour arriver au même but. »

Cela veut dire sans doute que, chez certaines personnes, les tendances se dirigent vers la religiosité comme elle se tournent chez d'autres vers l'acquisition des richesses et des honneurs. Si, par hasard, un mystique devient fou, il le devient au même titre que l'ambitieux atteint de la manie des grandeurs. La cause de la folie réside alors dans un état morbide préexistant, comme l'instabilité mentale ou une tare atavique, de sorte que si les tendances sont religieuses la folie devient mystique, comme elle peut devenir la folie des grandeurs si les tendances ont été orientées vers une ambition démesurée. C'est donc une généralisation absurde qui a donné lieu à l'opinion vulgaire que la mysticité menait fatalement à la folie.

M. Leuba dit encore que la conscience mystique fonctionne bien différemment de celle des autres gens et qu'elle n'est nullement un chaos. Il cite un exemple remarquable d'une conversion mystique chez un docteur théologien de l'Eglise catholique ; avant de pratiquer l'abnégation et de mener la vie mystique, Tauler, le célèbre prédicateur dominicain du XIVe siècle, manifestait certaines tendances qui constituent chez le prêtre l'écueil le plus redoutable par son avancement spirituel, comme de prêcher afin de recueillir les compliments et de sentir sa puissance, d'altérer la vérité pour être plus frappant et plus intéressant, de se taire pour ne pas perdre la bonne opinion d'autrui quand il faudrait parler dans l'intérêt de la justice, de parler pour faire parade de ses connaissances et de son bon jugement quand il faudrait se taire, de sourire par faiblesse, de rester sérieux par fausse dignité, bref, de se rechercher soi-même au lieu de rechercher Dieu. Nicolas de Bâle, chef de l'association mystique des « Amis de Dieu » (les Vaudois) et qui fut plus tard brûlé comme hérétique, fut l'instrument de la conversion mystique de Tauler : « Vous vous fiez, lui dit-il, à votre savoir et à vos talents. Au lieu de n'aimer que Dieu seul vous vous recherchez vous-même. Vous êtes attiré par les créatures ; vous ne trouvez en vous que de la vanité et l'amour de vos aises. Vous avez gaspillé votre temps en ne vivant que pour vous-même. » Tauler lui répondit : « Tu as mis un miroir devant mon âme mon cher fils, tu as dévoilé toutes mes fautes, tu m'as dit ce qui était caché pour moi. » Après avoir supporté pendant deux ans les humiliations imposées par Nicolas de Bâle, Tauler devint un vrai mystique, et ses prédications furent faites, non plus selon la chair, comme le lui dit son instructeur, mais selon l'esprit de Dieu. Il avait vaincu le soi inférieur et égoïste. Mais d'où lui vint cette énergie intérieure qui lui permit un tel triomphe ? Comment la parole d'autrui peut-elle transformer les tendances inférieures en tendances supérieures? Par quelle grâce d'état une telle transformation peut-elle s'effectuer? M. Leuba ne le dit pas, mais comme il condense toute la religiosité en quatre tendances, il doit assigner l'origine des tendances supérieures à l'une de ces quatre tendances ou à l'inconscience.

Ces tendances sont ainsi groupées :

1° Celle de la jouissance organique, tendance amoureuse ou volupté ;

2° Celle de l'apaisement de la pensée par son unification, ce qu'on appelle la quiétude ;

3° Celle du besoin de protection, d'un soutien affectif.

4° Enfin la tendance à l'universalisation de l'action, c'est-à-dire la recherche de l'organisation de toutes les tendances au profit de celles qui sont d'accord avec la volonté divine.

Il considère l'extase, la transe mystique comme il l'appelle, comme étant analogue à la transe hypnotique. « Elle n'est rien en elle-même, dit-il, non pas un rien qui est l'Etre lui-même avec lequel on jongle si drôlement en métaphysique, mais un rien qui n'est rien. Comment a-t-on pu aller jusqu'à identifier Dieu avec l'inconscience pure et simple, par quelle magie a-t-on attribué à l'Inconscience parfaite assez de réalité pour la diviniser ? »

Dire qu'il n'y a rien dans les phénomènes religieux qu'un jeu magique qui consiste à identifier Dieu avec l'inconscience pure et simple, c'est dénier tout rapport entre l'homme et Dieu, et c'est émettre une proposition renfermant une contradiction.

Les trois groupes de tendances dont parle M. Leuba, la jouissance organique ou la volupté, la soif du repos ou la quiétude, et la recherche d'un soutien affectif, sont les tendances qui forment le fond même de notre vie personnelle et égoïste. D'où proviennent ces tendances ? Elles dérivent évidemment de l'instinct de conservation et constituent le fond même de la nature inférieure, c'est-à-dire la conscience individuelle ; mais les tendances supérieures, l'amour désintéressé, l'altruisme, l'abnégation, l'oubli de soi, le sacrifice, sont précisément celles qui doivent étouffer l'instinct de conservation pour arriver à dominer le soi égoïste et personnel. Or, est-il possible que les tendances supérieures tirent leur origine de l'inconscience pure et simple, alors que celle-ci n'a aussi d'autre principe d'action que cet instinct profond, la seule énergie que la nature ait mise en nous sous la forme naïve d'impulsions et de lois qui se combinent d'elles-mêmes dans le champ de l'inconscience pour sauvegarder la vie individuelle ? De cet instinct primordial, on ne peut logiquement extraire un groupe de tendances, comme l'oubli de soi, qui est en complète contradiction avec la raison d'être de cet instinct. Il faut donc trouver ailleurs l'origine des tendances supérieures dont les éléments sont inconciliables avec la nature même de la conscience individuelle et de l'inconscience.

Ce n'est pas du groupe des instincts que l'on peut extraire l'énergie qui fait braver la souffrance et même la mort, qui fait taire toutes les aspirations de la vie sensuelle pour ne vivre que dans l'immolation de tout son être. Il faut un élément nouveau pour faire naître ces forces contraires à la vie personnelle et égoïste, et pour opérer cette transmutation des énergies humaines. Où chercher ailleurs ce ferment nouveau, si ce n'est dans la Conscience universelle, domaine de l'Esprit pur ? Cette intervention est donc nécessaire pour expliquer la dualité de tendances dans la nature humaine.

M. Boutroux paraît admettre cette intervention malgré la réticence qu'il fait à cet égard : « Si, dit-il, la vie individuelle et égoïste n'est pas la seule qui réside en nous... il n'y a pas lieu d'établir une incompatibilité entre la vie individuelle et universelle ».

Nous trouvons une conclusion plus affirmative dans l'étude de M. James (1). « Notre être, dit-il, plonge dans une tout autre sphère ou dimension d'existence que ce monde sensible, mais non moins réelle puisqu'elle peut exercer une action sur lui... Au total, Dieu est réel puisqu'il produit des effets réels. Lorsque, par l'état de foi ou de prière, nous entrons en communion avec cette sphère mystique ou surnaturelle, peu importe le nom qu'on lui donne, une œuvre nouvelle s'accomplit sur notre personnalité finie, nous sommes transformés en hommes nouveaux, et notre régénération se traduisant par la conduite produit des conséquences effectives dans l'univers naturel. »

Nous ajouterons encore l'opinion d'un autre philosophe moderne, M. de Recéjac (2) : « Dans

(1) Analyse de l'ouvrage de M. James dans la *Revue philosophique* de M. Ribot (1902).

(2) *Fondement de la connaissance mystique*, par M. de Recéjac, docteur ès lettres.

l'immense domaine des choses de l'âme, dit-il, quel ésotérisme serait plus intime et réservé que l'ésotérisme mystique ?

« Pour arriver à cet état de conscience qui a permis à certains hommes de se distinguer si vivement entre tous par le caractère et les œuvres, il y a un ensemble de conditions mentales ou morales plus rares que le génie. Quoi que l'on pense du mysticisme, il *faut reconnaître qu'il existe et qu'il a ses adeptes un peu partout...*

« Le mysticisme, pur de tout alliage, s'étendra aussi loin que la science et avec elle... L'ambition du mysticisme doit se borner à prendre une expérience plus vive et plus sûre de ce double fait que 1° le règne de Dieu est en nous, 2° qu'il n'a pas de limites... L'absolu n'est connaissable qu'au degré où nous le possédons moralement en nous-mêmes. Il n'est plus pour nous une abstraction ou comme une borne qui sert à marquer verbalement la fin du connaissable, c'est l'Unité suprême... L'absolu est la matrice où notre esprit a pris ses formes et sa libre énergie. »

Dans une étude particulière sur le mysticisme, M. de Recéjac dit encore : « J'espère bien qu'on ne voudra pas reléguer cet état d'âme (des mystiques) parmi les délires des imaginations faibles et déréglées... Le génie mystique est une force supérieure à la philosophie ; et il ne faut pas le confondre avec les religions qui, semblables aux frelons, ne font qu'en dévorer les fruits. Ce génie gardera toujours une sorte de liberté sauvage, regardant les philosophes plutôt comme des ennemis ; à moins que ceux-ci ne consentent, eux aussi, à chercher l'absolu par d'autres voies que la spéculation simplement curieuse et jalouse de conquérir méthodiquement l'esprit qui n'est que vie et liberté. (1)»

Il s'agit ici d'opinions émises par des esprits d'élite, de philosophes imbus de l'esprit scientifique moderne à qui il a fallu un véritable courage pour combattre l'opinion en vogue qui considère le mystique comme un faible d'esprit ou un malade. C'est que le monde a tôt fait d'englober dans un même mépris les défenseurs du mysticisme et les psychologues qui s'en occupent, en les considérant comme étant eux-mêmes victimes des illusions de l'imagination que l'on attribue

(1) *Revue philosophique* de M. Ribot, 1902.

aux mystiques. Ce dédain est un fruit de l'ignorance ou un aveuglement systématique car, de l'aveu même des détracteurs du mysticisme, les mystiques ont été les *porte-flambeaux de l'humanité*.

CHAPITRE III

I. Les mystiques devant les philosophes éclectiques et les théologiens. — II. Origine du mysticisme catholique.

§ I. — *Les Mystiques devant les philosophes éclectiques et les théologiens.*

Dans l'histoire de la philosophie, nous assistons à ce fait étrange que le philosophe qui a le plus contribué à montrer la grandeur d'âme, le génie et l'influence des mystiques, tant dans les lettres que dans les sciences, est celui-là même qui s'est élevé avec le plus de violence contre les doctrines mystiques, notamment contre l'extase qui est le point culminant de la mysticité.

Victor Cousin est ce philosophe. Pour lui, que le mysticisme provienne des chrétiens, des Alexandrins, des Hindous, des alchimistes, des Swedenborgiens, des Martinistes ou autres, il est chimérique; le mystique, qui veut connaître Dieu face à face et sans un intermédiaire par un élan d'amour, par l'entier et aveugle abandon de soi-même, fait un effort surhumain qui conduit fatalement à la folie. « C'est, dit-il, une extase imbé-« cile, une extravagance qui n'a pas même le « mérite d'une nouveauté et que l'histoire voit « reparaître à toutes les époques d'ambition et « d'impuissance. » Rejeter l'extase (1), le phénomène culminant du mysticisme, c'est s'attaquer à l'essence même de la dévotion, car qu'est-ce que l'extase si ce n'est la dernière pointe du sentier dévotionnel, la dernière étape de la contemplation, et comment des écrivains catholiques pourraient-ils mépriser la contemplation, alors que l'Eglise a toujours donné le plus grand développement aux ordres contemplatifs ? Dira-t-on, comme Victor Cousin, que le seul moyen de s'élever jusqu'à l'Etre des êtres, c'est de se consacrer à l'étude et à l'amour de la vérité, à la contemplation et à la reproduction du beau, et surtout à la pratique du bien? Ce sont là précisément les premiers pas du néophyte qui gravit le sentier

(1) Il y a des distinctions à faire dans l'extase. Nous ferons ces distinctions dans la seconde partie.

mystique, mais pour lui, ce n'est que le premier échelon à gravir dans la voie douloureuse. De quel droit peut-on imposer une limite à la Conscience individuelle dans le champ infini de la conscience universelle ? Comment peut-on intervenir dans des phénomènes entièrement subjectifs ? M. Paulhan(1) fait remarquer avec juste raison que l'éclectisme, le spiritualisme de V. Cousin fut une tentative pour remplacer le catholicisme par une philosophie qui serait devenue en quelque sorte la religion des esprits d'élite, et qui aurait gardé juste assez de croyances religieuses pour mettre de l'équilibre dans l'ordre social ; mais cet éclectisme, pris entre la foi et la science, était en mauvaise posture car, d'une part, il ne pouvait disposer des ressources immenses qui rendent la religion si forte par ses appels aux sentiments, et, d'autre part, il se trouvait désarmé contre l'esprit scientifique qui faisait appel à l'observation exacte et minutieuse.

Aussi, cet éclectisme ne tarda pas à disparaître malgré l'habileté de ses défenseurs. Au surplus, toute religion utilitaire, jugée bonne à servir de frein aux passions humaines, ne pourra

(1) *Le Mysticisme*, par M. Paulhan.

subsister, non seulement sans base affective, mais aussi sans une base scientifique, car l'esprit humain a franchi le degré de croyance aveugle.

Depuis que la critique scientifique s'est emparée du mysticisme, certains théologiens ont offert, suivant l'expression de M. Godfernaux (1), un rameau d'olivier à la science et se sont déclarés prêts à étendre la méthode scientifique, la curiosité et l'honnêteté intellectuelles, la prudence, à des régions où n'ont trop souvent régné que les anciennes superstitions en y ajoutant les *nouvelles*, les émotions, les préjugés (2).

Sans douter un seul instant de la sincérité de pareils sentiments, et en trouvant même naturelles la fierté et la satisfaction que ces théologiens ressentent à communiquer les lumières qu'ils possèdent sur la mystique chrétienne et à en révéler les trésors, on peut se demander s'il n'y a pas au fond de leur pensée le secret désir d'aider, par cette union, à la destruction de tout mysticisme qui ne serait pas foncièrement orthodoxe. Pour la science, il ne peut y avoir, *à priori*, ni hérésies,

(1) *Revue philosophique* de M. Ribot, février 1902.
(2) Conférences du R. P. Pacheu.

ni superstitions, il n'y a que des faits à analyser, qui ne seront pas taxés d'une façon plutôt que d'une autre, parce qu'ils auront été reconnus ou non orthodoxes. De plus, les postulats sont entièrement différents : pour la science, il s'agit de faits corporels connus ou inconnus, et, pour la théologie, il s'agit de phénomènes subjectifs pouvant avoir une répercussion sur le corps physique.

Sans vouloir préjuger des résultats que pourra donner le concours des érudits théologiens aux psycho-physiologistes, il est permis de se demander, ainsi que l'a fait M. Matter (1), quel est le vrai mysticisme catholique ? Est-ce celui de Bossuet, celui de Leibnitz ou celui de Fénelon ? Suivant l'opinion d'éminents penseurs, Fénelon ne parla pas autrement que Tauler, Kempis, sainte Thérèse, saint François de Sales, et une infinité de lumières de l'Eglise, ce qui ne l'empêcha pas d'être condamné par une bulle d'Innocent XII. Et cependant, Fénelon et sa sœur en mysticisme, Mme Guyon, s'inspiraient de saint Francois de Sales et de Mme de Chantal à qui l'Eglise avait donné à l'un la canonisation et à l'autre la béatification.

(1) *Le Mysticisme au temps de Fénelon*, par M. Matter.

Les théories mystiques émises par Mme Guyon et reçues avec enthousiasme, tant par Mme de Maintenon que par d'éminents prélats, furent imposées à l'Ecole des jeunes filles nobles de Saint-Cyr et, trouvées ensuite pernicieuses, furent rejetées pour être enfin condamnées par l'Eglise quand Fénelon s'en fit le défenseur.

Toutes ces luttes, si vives dans le sein de l'Eglise, et ces dissentiments profonds entre des prélats tels que Bossuet et Fénelon, ont laissé le monde catholique dans le doute et l'inquiétude en matière de mysticisme, et il semble que la condamnation ait visé plus les personnes que les idées, et cela au gré du souffle des passions humaines (1). M. Franck de l'Institut dit : « Le mysticisme n'est pas une effervescence passagère qu'on remarque seulement de loin en loin dans quelques natures privilégiées. Il a ses racines dans les profondeurs de l'âme humaine ; on le voit éclore dans toutes les races sous l'empire des croyances et des civilisations les plus opposées. » Suivant le même écrivain, de tous les chefs de secte du XVIIIe siècle, Martinez Pasqualis est l'un

(1) *Philosophie mystique à la fin du* XVIIIe *siècle*, par M. Franck.

de ceux qui ont jeté le plus d'éclat et qui a créé Claude de Saint-Martin. Balzac s'est fortement inspiré des doctrines de Claude de Saint-Martin, « le célèbre Philosophe Inconnu » (1), et de Swedenborg, le grand et savant mystique suédois.

L'époque de la Renaissance, si féconde pour les sciences et la philosophie, fut vraiment une époque de floraison pour la grande famille mystique dont le génie procède de l'école d'Alexandrie. Giordano Bruno, brûlé comme hérétique, fut un génie, dit V. Cousin, qui laissa dans l'histoire une trace lumineuse et sanglante. Jacob Boehme, le cordonnier allemand, cache sous les symboles théologiques et alchimiques une philosophie très profonde, et cependant il n'a lu ni les classiques, ni les scholastiques, n'ayant, dit-on, qu'une bible et quelques traités de mauvaise chimie. Pour être arrivé à cette connaissance mystique et théosophique il a fallu ou que ce philosophe eût une intuition surnaturelle ou bien que ses mauvais traités de chimie fussent au contraire d'excellents traités de mysticisme voilés par les symboles alchimiques. Bien que simple et ignorant, Boehme,

(1) *Lys dans la Vallée.* — *Seraphitus Seraphita*, etc., par Balzac.

doué d'une intelligence remarquable, se livra à des effusions mystiques étonnantes : chaos étincelant, dit M. Boutroux ; mais il y a tout lieu de supposer que ses connaissances en mysticisme lui furent données par les alchimistes.

La liste mystique est longue, La Ramée, Nicolas de Cuss, l'Ecole italienne avec Marcile Ficin, Pic de la Mirandole, puis les alchimistes Bazile Valentin, Reuchlin, Agrippa de Nettescheim, Paracelse, Van Helmont, etc. ; en Allemagne, le célèbre ministre luthérien Weigel qui fut un vrai théosophe, et en Espagne, la grande mystique sainte Thérèse.

Si l'on passe à l'ère du moyen âge, on trouve une figure héroïque, le prodige le plus étonnant de l'histoire : une mystique, une pauvre paysanne prenant un ascendant inouï sur les plus illustres et les plus rudes guerriers du moyen âge. C'est Jeanne d'Arc dont la grandeur héroïque, a laissé dans la stupeur l'humanité entière et qui inspire à la génération actuelle un culte fervent, une admiration sans bornes pour le sang-froid, l'intelligence, la grandeur d'âme, l'éloquence naïve, ironique et forte, dont elle fit preuve dans le cours de sa vie. C'est un des plus éclatants témoignages de la force surnaturelle que peut inspirer le mysticisme.

« La théologie mystique de Gerson, dit V. Cousin, est un modèle de bon sens et de raison (1) ! » Ce n'est pas une science abstraite, dit Gerson, c'est une science expérimentale ; l'expérience que la théologie mystique invoque n'est pas celle des sens, mais l'expérience des faits qui se passent dans le plus intime de l'âme religieuse ; cette expérience-là est très réelle et conduit à un système réel aussi, mais qui ne peut être compris par ceux qui n'ont pas éprouvé des faits de cet ordre. Pour l'acquérir on n'a pas besoin d'être savant, il suffit d'être homme de bien. » Si l'on rapproche cette conception du mysticisme de celle d'une mystique moderne, Mme Besant (2), on peut se rendre compte que les mystiques d'un siècle voient comme ceux d'un autre siècle et parlent de la même façon.

« Par mysticisme, dit Mme Besant, je veux dire une connaissance directe des vérités spirituelles fondée sur une perception de l'âme, non pas sur la raison, c'est-à-dire le raisonnement ;

(1) *Histoire de la philosophie*, par V. Cousin.

(2) *La vie et la forme*, par Mme Besant, ouvrage théosophique.

ce n'est pas une qualité de l'intelligence qu'on trouve dans le mystique, mais plutôt une capacité de l'âme, un pouvoir de l'esprit humain. On voit aussi bien avec les yeux de l'esprit qu'avec les yeux du corps, et on peut voir les réalités aussi bien que les formes... Le mysticisme n'est pas pour tous ; il demande une morale élevée, une intelligence rare ; il ne s'agit pas d'une intelligence cultivée, mais d'une aptitude spéciale. Les vrais mystiques hommes ou femmes ne sont pas toujours instruits, mais ils possèdent cette intelligence subtile, affinée, qui permet d'atteindre à une perfection morale sans laquelle le mysticisme est dangereux. »

Parmi les philosophes et alchimistes du moyen âge, nous citerons le fameux chimiste Geber, Albert le Grand, Raymond Lulle, Arnaud de Villeneuve, les Rose-Croix, et les alchimistes, ces mystiques dont les termes symboliques, pris dans un sens littéral, paraissent incohérents, tandis que, si on les examine avec la clef ésotérique, on y trouve une profonde sagesse et une haute philosophie spirituelle. Les alchimistes ne pouvant dévoiler leurs doctrines sans s'exposer à l'exil, aux persécutions et au bûcher, couvraient d'un voile symbolique les enseignements sur le développement occulte; ce qu'ils appelaient le *Grand Œuvre* (magnum opus) était la transmutation de la conscience individuelle en cette Conscience divine qui cherche toujours à s'épanouir dans l'esprit humain.

Nous citerons pour mémoire encore saint Bernard dont les ouvrages offrent un parfum de sobre mysticité, Hugues et Richard de Saint-Victor, saint François d'Assise, saint Bonaventure, sainte Catherine de Sienne, et nous nous arrêterons plus spécialement sur le mysticisme spéculatif en Allemagne. L'histoire ecclésiastique des XIIIe et XIVe siècles est remplie de conflits religieux entre la cour romaine, l'Inquisition et les autorités diocésaines au sujet des associations mystiques : Vaudois ou Amis de Dieu, sectes du Libre Esprit, béguins et béguines du Tiers-Ordre, Béghards, Fratricelles, Dulcinistes, Bisoches, etc. Ces mystiques avaient pris pour idéal la pauvreté du Christ et des apôtres et éprouvaient l'ardent désir de restaurer la vie évangélique en cherchant à atteindre Dieu au-delà des représentations dogmatiques ou sacramentelles (1). A tra-

(1) Voir *Mysticisme spéculatif en Allemagne*, par M. Delacroix, agrégé de philosophie, docteur-ès-lettres.

vers toutes ces sectes mystiques courut comme une frénésie de renoncement absolu aux choses d'ici-bas, véritable folie de pauvreté, et surgit une vague aspiration à une sorte de constitution faite de communisme civil et de mysticisme alexandrin. Ce mysticisme apparut sous des formes multiples, et ces réapparitions persistèrent d'une façon continue et remarquable, malgré toutes les persécutions et les décrets si cruellement répressifs de l'Eglise (1).

« L'organisation définitive de l'Inquisition par Urbain IX, dit M. Delacroix, donna de la régularité et de la méthode à la cruauté et à la violence. Il courait sur leur compte (les Béghards) des récits peu favorables ; nous avons encore quelques-unes de ces légendes : elles nous montrent avec quelle précipitation le peuple incrimine les mœurs de ceux dont il ne connait pas ou n'accepte pas les doctrines ; nous y trouvons les mêmes traits dont il a toujours figuré, à leur apparition, les religions nouvelles. Toute doctrine secrète, toute cérémonie d'initiés, est toujours interprétée comme une réunion pour la débauche et pour l'orgie. Le peuple croit et dit tout le mal possible de ce

(1) Concile de Vienne, *les Clémentines*.

qu'il ne connaît pas et ne comprend pas. Le Christianisme n'échappa pas à ces soupçons. »

V. Cousin dit que les hommes les plus remarquables de cette époque furent presque tous des mystiques : Eckart, Tauler, Suso et Ruysbroek, tels sont les maîtres du mysticisme allemand. Eckart est considéré comme le fondateur du mysticisme spéculatif en Allemagne ; Jean Tauler, le fameux prédicateur, fut appelé par Bossuet l'un des plus solides et corrects mystiques ; Henri de Berg ou Suso fut le poète et l'amant de l'éternelle sagesse, le mystique assoiffé de la douleur et du sacrifice. Tous trois succombèrent sous le reproche d'hérésie, mais l'Eglise réhabilita la mémoire de Suso en inscrivant son nom au catalogue des bienheureux. Quant à Ruysbroek, dit l'Admirable, il eut une telle réputation de sainteté que, malgré les attaches de ses doctrines avec celles des Béghards (1), il n'encourut point le reproche d'hérésie. Cependant, on peut relever dans ses doctrines une tendance nettement panthéiste et toutes les idées condamnées par l'Eglise dans le Concile de Vienne. Suivant sa doctrine les trois vies *active*

(1) Ce fut du moins l'avis de Gerson (voir Franck, *Dictionnaire des sciences philosophiques*).

intime ou *affective* et *contemplative*, sont les trois degrés de perfection, et quand l'âme arrive au troisième degré, c'est-à-dire à l'union avec Dieu, elle est au-dessus même de la grâce ; elle demeure éternellement dans le Père, émane de lui avec le Fils et se réfléchit dans le Saint-Esprit ; en un mot, elle devient *déiforme*, mais elle ne devient pas Dieu (1). Nous insistons sur cette dernière idée de déification parce que, comme nous le verrons plus loin, cette idée appartient au fond commun du mysticisme universel et qu'elle se trouve reproduite dans les doctrines du célèbre mystique catholique dont nous allons parler.

§ II. — *Origine du Mysticisme catholique.*

D'où provient le mysticisme de ces maîtres allemands ? Comme le fait observer Mgr Darboy, dans la préface de son livre sur les œuvres de saint Denys l'Aréopagite, il existe une identité fondamentale de doctrines parmi tous ces maîtres : le mysticisme du moyen âge croyait obéir et obéissait, en effet, à l'influence de l'Aréopagite ;

(1) Franck, *Dictionnaire philosophique.*

les uns ont maudit l'influence de saint Denys, les autres l'ont louée, mais tous l'ont unanimement constatée. « Du reste, dit Mgr Darboy, elle a laissé de profondes et glorieuses traces, surtout dans les écrits de l'école mystique, et ces suaves accents d'amour divin qu'on entendit durant trois siècles, dans tous les monastères de l'Europe, n'étaient que des hymnes dont l'Aréopagite avait fourni pour ainsi dire le riche et fécond motif. »

Mgr Darboy attribue donc la source du mysticisme catholique aux écrits de saint Denys l'Aréopagite, et considère ce saint comme antérieur à l'Ecole d'Alexandrie, sans doute afin de bien établir l'antériorité de la doctrine dionysienne sur celle du néo-platonisme. A cela, on peut objecter que le mysticisme de saint Denys est, suivant Victor Cousin, à peu près identique au mysticisme alexandrin, et que la critique a depuis longtemps démontré que les traités attribués à ce saint ne lui appartiennent pas, et ont eu pour auteur un chrétien du ve siècle, imbu des doctrines mystiques du platonisme alexandrin. Il importe peu, d'ailleurs, que l'auteur de ces écrits mystiques ait été ou non antérieur à Plotin et à

Proclus, les éminents néo-platoniciens, car l'Ecole d'Alexandrie procède elle-même de l'école judéo-alexandrine dont Philon le Juif fut le représentant le plus autorisé, et l'antériorité de cette dernière école ne peut être contestée.

La doctrine de ce pseudo-mystique, fortement imprégnée des doctrines où plane l'Un principe du platonisme, franchit complètement les frontières du dogme chrétien et cesse d'être orthodoxe sur des points essentiels (1).

Mgr Darboy a certes montré un admirable courage et une indépendance de caractère digne du plus grand éloge ; mais, épris de la beauté des doctrines mystiques, il a voulu se convaincre qu'elles émanaient d'un saint, en passant sous silence tout ce qu'elles pouvaient contenir d'hétérodoxie. Il est permis de croire cependant que, si le pseudo-saint Denys avait vécu au siècle d'Eckart, il aurait subi le même sort que les mystiques de ce temps et aurait été poursuivi par l'Eglise comme hérétique, car nombre de ceux qui se sont inspirés de lui ont eu leurs doctrines entachées d'hérésie. M. Delacroix, comme la plupart des philosophes, n'hésite pas « à attribuer

(1) Franck, *Dictionnaire philosophique*.

à l'influence du néo-platonisme, remis en vigueur par Scot Erigène et répandu par des théologiens qui s'inspirèrent de lui comme Amaury de Bène, les nombreuses hérésies où l'identité de l'esprit humain et de l'essence divine, la possibilité de parvenir, par le seul effet de la conscience, aux replis les plus obscurs du divin, la toute puissance de l'homme libre, c'est-à-dire *déifié*, sont si résolument proclamées ». Mais Scot Erigène, qui a traduit les écrits du pseudo-saint Denys l'Aréopagite, s'en est lui-même inspiré et les a pris comme base de ses travaux.

D'après ce qui précède, on voit qu'il y a convergence d'opinions pour faire remonter l'origine du mysticisme catholique à saint Denys l'Aréopagite avec cette différence que, pour la critique, les doctrines de ce pseudo-saint procèdent du mysticisme alexandrin et émanent d'un auteur inconnu, tandis que, pour Mgr Darbois, l'auteur était un saint, disciple de saint Paul. Il faut donc conclure ou que le mysticisme catholique dérive de l'Ecole d'Alexandrie, ou que son origine se trouve dans les écrits d'un saint dont les tendances alexandrines sont incompréhensibles ; si l'on accepte cette dernière thèse, il faut reconnaître alors que les doctrines de ce saint ne cadrent nullement avec l'orthodoxie de l'Eglise, et que le mysticisme catholique a sa source dans une doctrine entachée de ce que l'Eglise a appelé plus tard, chez ceux qui s'en étaient inspirés, des hérésies.

Si l'on ne veut pas se résoudre à admettre que le mysticisme catholique procède du mysticisme alexandrin, on ne peut pas dire non plus que la mysticité ait été due à un développement régulier et méthodique voulu par l'Eglise, attendu qu'elle a toujours tenu le mysticisme en suspicion, et que celui-ci s'est développé, non pas seulement dans les ordres contemplatifs, mais dans les milieux les plus humbles de la société civile. Ces pauvres mystiques, presque toujours en butte aux persécutions, malgré leur douceur et leur abnégation, et quelquefois aussi béatifiés ou canonisés après leur mort, ne sont-ils donc que des fleurs rares de l'humanité, apparues çà et là dans divers milieux pour répandre sur le monde un parfum céleste ? Dira-t-on que leurs tendances extraordinaires étaient exclusivement héréditaires ou ataviques, alors que les différences les plus colossales existaient entre ces êtres prodigieux et leurs ascendants, et que, non seulement leur spiritualité, mais encore leur mentalité dépassait de beaucoup la moyenne de l'humanité ? La mysticité existait dans leur cœur à l'état latent, le feu mystique couvait en eux, et il a suffi d'une circonstance fortuite, d'une lecture, d'une parole, d'une étincelle jaillie on ne sait d'où, pour allumer le feu intérieur et en faire un brasier ardent. D'où peuvent venir de pareilles tendances ? Quel est donc ce signe mystérieux qui les fait appeler des illuminés et qui les distingue tous malgré les intervalles séculaires qui les séparent ? Si un saint avait inspiré toute cette pléiade de mystiques il aurait accompli un rôle vraiment divin. Peut-on concevoir qu'un tel saint aurait eu une existence problématique ? Si tout fondateur de religion a eu deux enseignements, l'un exotérique et l'autre ésotérique, si dans les écrits religieux de toutes les grandes religions, on trouve la lettre et l'esprit, les symboles et la réalité, l'écorce et le cœur, il semble logique de faire remonter à l'Homme-Dieu, d'où procède la religion catholique, l'origine même de la religion du cœur qui est la religion cachée ou mystique.

Nous trouvons précisément maintes allusions à ce sujet chez les premiers Pères de l'Eglise et dans les écrits mêmes du pseudo-aréopagite.

Saint Paul a dit dans ses épîtres : « Nous parlons sagesse au milieu de ceux qui sont parfaits ou initiés, mais nous prêchons la sagesse de Dieu dans le mystère... Je n'ai pu vous découvrir les mystères de la sagesse de Dieu dont nous sommes instruits, parce que vous n'étiez pas alors capables, et à présent même, vous ne l'êtes pas encore, étant encore trop charnels (1). »

Suivant saint Luc (2) : « Il vous est donné, à vous disciples, de connaître les *mystères* du royaume de Dieu ; mais il n'en est parlé aux autres qu'en paraboles, de sorte qu'en voyant ils ne voient pas, et qu'en entendant ils n'entendent point ». Saint Clément d'Alexandrie, que saint Jérôme regarde comme le plus érudit de son siècle et que tous les auteurs ecclésiastiques s'accordent à louer pour sa sainteté et la pureté de sa doctrine, déclare formellement dans ses *Stromates* « qu'il ne faut pas dévoiler au premier venu

(1) *Epître aux Corinthiens*, 2 et 3.
(2) *Evangile Saint Luc.*

les mystères de la foi ». (1) « Il (le seigneur Jésus) a permis d'admettre à la participation des mystères divins et de cette sainte lumière ceux dont l'esprit et les yeux en seraient dignes ; mais il n'a pas révélé à un grand nombre d'auditeurs les choses qui n'étaient pas à la portée d'un grand nombre d'intelligences ; il ne les a révélées qu'au petit nombre de ceux auxquels il savait que cette nourriture était propre et qui pouvaient la recevoir, et à l'esprit desquels elle pouvait servir. Il en est des mystères comme de Dieu, ils ne doivent se confier qu'à la *parole* et non à l'écriture. Si l'on nous répond : *Il n'y a rien de caché qui ne doive être révélé et rien de secret qui ne doive être connu* ; que l'on apprenne de nous aussi qu'il a été prédit par ces paroles que celui qui reçoit les mystères comme mystères, les mystères lui seront révélés ; et que celui-là qui sait conserver dans l'âme les choses qui lui sont transmises, les choses secrètes lui seront dévoilées ; de sorte que la vérité et ce qui est caché à la plupart des hommes sera révélé au petit nombre. Pourquoi tous les hommes ne connaissent-ils pas la vérité ? Pourquoi tous n'aiment-ils pas la justice, si la

(1) *Les Pères de l'Eglise*, par M. de Genoude.

justice est le propre de tous ? Les mystères sont transmis d'une manière mystique, de sorte que la vérité se trouve sur les lèvres de celui qui enseigne, et plus encore dans son intelligence que dans sa bouche... Chacun n'est pas apte à entendre la vérité ; cependant, comme la tradition divine ne frappe pas seulement les oreilles de celui qui comprend la majesté de la parole, mais qu'elle s'adresse également à tous, il faut envelopper d'un voile la sagesse qui est révélée d'une manière mystérieuse et que *le fils de Dieu a enseignée*... Pour tout dire en un mot, tous ceux qui ont traité des mystères divins, qu'ils soient grecs ou qu'ils soient barbares (dans le sens d'étrangers), ont pris soin de dérober aux vulgaires les vrais principes des choses. Ils n'ont transmis la vérité à la multitude qu'enveloppée d'énigmes, de symboles, d'allégories, de métaphores et de mille autres figures analogues. »

Origène (1) s'exprime ainsi : « Chacun d'eux (les évangiles) contient une quantité de doctrines difficiles à comprendre, non seulement pour la foule mais même pour des hommes intelligents, car cela comprend l'explication *profonde* des para-

(1) Origène, *Contra Celsum.*

boles que Jésus donne à *ceux du dehors*, et dont il réservait le sens complet pour ceux qui avaient franchi l'enseignement exotérique et qui venaient *dans sa maison* pour être instruits en particulier... Parler du Christianisme comme d'une doctrine secrète est complètement absurde ; il est vrai qu'il possède certaines doctrines *non communiquées à la foule et révélées* après l'enseignement des doctrines exotériques, mais cela lui est commun avec les systèmes des philosophes qui, eux aussi, ont des vérités exotériques et des vérités ésotériques... Jésus s'entretenait en particulier avec ses disciples et spécialement dans des retraites cachées, au sujet de l'évangile de Dieu ; mais ses paroles n'ont pas été conservées. »

« L'Ecriture, dit encore Origène, a trois sens, la *chair* qui est pour les hommes ordinaires, l'*âme* pour les gens instruits, l'*Esprit* pour les parfaits (1). »

Tertullien (2) se plaint de la confusion des enseignements qui étaient donnés aux hérétiques : « On ne peut dire chez eux qui est catéchumène

(1) *De principiis.*
(2) *De proscriptione hæreticorum*, XII.

et qui est croyant ; tout le monde a également accès, chacun entend et prie, même les païens, s'il s'en trouve parmi eux. Ils jettent aux chiens les choses sacrées et leurs perles (quoi qu'elles ne soient pas de véritables perles) devant les pourceaux. »

Nous trouvons les mêmes déclarations dans les écrits du pseudo-saint Denys l'Aréopagite (1) : « Ne divulguez pas, dit-il, les choses saintes et couvrez-les d'un voile impénétrable aux yeux des profanes ; ne les faites connaître aux saints même qu'à la lumière mystique d'une explication irréprochable. »

Saint Denys parle aussi de hiérarchie ecclésiastique, dans laquelle le hiérarque est désigné comme un homme inspiré de Dieu, un homme divin *versé* dans la *science parfaite des mystères*. « Ce sont, dit-il, les divins oracles qui fondent la hiérarchie ecclésiastique, et par ce mot, il faut entendre non seulement ce que nos maîtres inspirés nous ont laissé dans les saintes lettres et dans les écrits théologiques, mais encore ce qu'ils ont transmis à leurs disciples par une sorte d'*enseignement spi-*

(1) *Œuvres de saint Denys l'Aréopagite*, par Mgr Darboy.

rituel et presque céleste, les initiant d'esprit à esprit d'une façon corporelle, sans doute, puisqu'ils parlaient ; mais j'oserai dire aussi *immatérielle*, puisqu'ils n'écrivaient pas. » Saint Denys explique que les vérités ont été exposées par les apôtres sous le voile de symboles et non pas dans leur nudité sublime, « car, dit-il, chacun n'est pas saint et, comme dit l'Ecriture, la science n'est pas pour tous ; les premiers chefs voulant élever à la perfection et *déifier* leurs frères, leur firent entendre en des enseignements écrits et non écrits, ce qui est céleste par des images sensibles, ce qui est divin par des choses humaines, ce qui est parfaitement *Un* par la variété et la multiplicité, ce qui est incorporel par la matière parce qu'il faut des figures matérielles pour s'élever mieux aux choses intelligibles. Toutefois, la raison des divers symboles n'est pas inconnue aux hiérarques mais ils ne peuvent la révéler à quiconque n'a pas encore reçu l'initiation parfaite. » Que saint Denys parle du baptême ou de la communion, il explique que le vulgaire n'en voit que les voiles sensibles, les cérémonies figuratives, les pieux symboles, l'extérieur et l'écorce, tandis que l'initié, toujours uni à l'Esprit saint, s'élève à la sublimité de leurs archétypes dans la douceur d'une contemplation sublime. »

Que sont devenus ces sublimes mystères ou divins secrets dans le sein de l'Église? Celle-ci aurait-elle pris pour des vérités essentielles ce qui n'était que des symboles, pour des réalités ce que saint Denys appelle des tableaux qui ornent le vestibule du temple et qui sont destinés aux esprits dont l'initiation n'est pas parfaite? Il semble que la vague, qui a porté l'Église catholique au faîte des honneurs et des grandeurs, ait du même coup recouvert le sanctuaire secret où se développaient dans le mystère du silence les divins initiés dont parlent les premiers chefs de l'Église.

Certains écrivains catholiques (1) s'indignent et crient à une profanation universelle, à un pillage scandaleux de la divine parole, accusent les mystiques d'un élan désespéré de l'orgueil vers l'Infini, leur reprochent de se nourrir d'une science d'imagination, science qui semble être comme le mauvais rêve de l'humanité. Il faut reconnaître que si c'est un rêve, celui-ci dure depuis des milliers d'années et qu'une telle durée implique une

(1) *Du mysticisme au* XVIII*e* *siècle*, par Caro.

force extraordinairement puissante. M. Caro reconnait que toutes ces écoles, si diverses d'apparence, de noms, de dates : symbolisme égyptien, mysticisme alexandrin, philosophie hermétique, kabbale, gnose, magie, théurgie, alchimie, extase, illuminisme, « attestent une communauté d'origine par quelques principes et quelques dogmes essentiels qui sont comme le fond permanent du mysticisme spéculatif ». Ces écrivains peuvent traiter d'exégèse de fantaisie la transmission du dogme par la chaîne secrète des initiés, il suffit qu'ils reconnaissent que ce sont là des systèmes offrant entre eux « de *saisissantes* analogies, un fond immuable de dogmes permanents », pour prouver l'existence même du mysticisme universel. M. Caro dit que la Religion « vit au grand jour, qu'elle ouvre ses portes à tous les fidèles, qu'elle enseigne à tous les mêmes vérités, qu'elle distribue avec la même sollicitude la parole de vie, qu'elle ne reconnait pas dans le sanctuaire de privilèges ni d'initiations, et qu'enfin elle fonde son enseignement sur la parole révélée, transmise par la tradition ».

Il est vrai que l'Église actuelle ouvre ses sanctuaires en mettant sous les yeux des fidèles les cérémonies sacramentelles, mais elle considère comme un sacrilège d'oser toucher à la foi des mystères, ceux-ci étant absolument impénétrables à l'esprit humain. Comment concilier une telle conception avec celle de l'Église primitive qui, si l'on s'en rapporte aux écrits précités, considérait les cérémonies sacramentelles comme les symboles des mystères dont la révélation était donnée à ceux qui étaient assez avancés sur la voie de sainteté pour être admis à l'initiation ?

Un missionnaire catholique, M. Huc (1), a constaté dans son voyage du Thibet, « les nombreuses et frappantes analogies qui existent entre les rites lamaïques et le culte catholique, Rome et Lhassa, le Pape et le Talé-Lama ». Ne pourrait-on pas retourner la proposition et se demander quelle impression ressentirait un bouddhiste érudit qui, sur la foi d'écrits mystiques, tels que ceux du pseudo-saint Denys, viendrait en Occident pour passer les Initiations dont il est parlé dans ces écrits ? Ce bouddhiste se contenterait-il des cérémonies figuratives des mystères et ne voudrait-il pas en pénétrer le sens en s'appuyant sur le texte

(1) *Voyage dans la Tartarie et le Thibet*, par le P. Huc.

des écrits pour affirmer que l'initié doit avoir la connaissance de ces mystères ? Si on lui disait que ces mystères sont impénétrables, il est à présumer qu'il trouverait inutile de changer de religion, les cérémonies du culte lamaïque étant, dirait-il, analogues à celles du culte catholique.

Que dirait-on d'un chimiste qui ouvrirait son laboratoire à un public ignorant et ferait des expériences en déclarant que les lois chimiques sont impénétrables à l'esprit humain ? N'irait-on pas de préférence à celui qui dirait à son auditoire ignorant : « Apprenez d'abord les principes de cette science, et alors, je pourrai vous en révéler les secrets, si vous êtes dignes de les recevoir ? » Un chimiste irait-il consciemment apprendre à un individu, qu'il sait être anarchiste, le moyen de fabriquer les poudres explosives les plus dangereuses ou mettre celles-ci entre les mains des enfants ?

Déjà, lorsque les phénomènes hypnotiques sont entrés dans le domaine scientifique, certains esprits ont manifesté des appréhensions à rendre publiques les méthodes expérimentales de cette nouvelle science, craignant que des gens malintentionnés n'en fassent mauvais usage.

Les appréhensions manifestées par les Pères de l'Eglise au sujet des divulgations des mystères paraissent donc légitimes, d'autant plus que des phénomènes manifestés par certains initiés attestent un pouvoir étrange sur les force de la nature.

Dans l'Eglise primitive, le baptême était la première illumination (1) ou initiation, et celui-ci était donné par l'intermédiaire de ceux qui possédaient la science des mystères. Il faut donc admettre qu'il y avait certaines méthodes de développement, probablement à un triple point de vue physiologique, psychique et mental, pour arriver à cette première initiation qui conférait certains dons, prémices des phénomènes qui pouvaient paraître surnaturels, parce que les lois qui les produisaient n'étaient connues que des Initiés On peut croire que, si ces mêmes méthodes avaient été rendues publiques, nombre de gens n'auraient pas craint, pour satisfaire leur égoïsme et leur esprit de domination, de se soumettre à ces méthodes pour obtenir de tels pouvoirs.

(1) Pages 87, 88, 89 des Œuvres de saint Denys l'Aréopagite : « C'est ce qui est *mystérieusement* enseigné par les cérémonies du baptême », dit saint Denys.

Déjà la science a soulevé un coin du voile des mystères en reconnaissant que certaines pratiques ascétiques peuvent provoquer des états hypersensitifs donnant lieu à des phénomènes extraordinaires. Si donc, des méthodes existent pour déterminer chez l'être humain un entraînement capable de mettre en jeu des forces de la nature encore inconnues de la science, et que les prétendus miracles soient des phénomènes résultant du jeu de ces forces, il semble logique d'admettre que les sages qui détenaient de telles connaissances aient voulu des garanties morales avant de les livrer, et qu'ils aient tenu dans le mystère et le secret une science assez redoutable pour que saint Clément la compare à une épée (1).

Mgr Darboy dit que saint Denys l'Aréopagite a puisé ses inspirations dans le texte des Ecritures ; mais, si ces Ecritures avaient deux sens, comme l'affirment certains Pères de l'Eglise, on comprend qu'il ait fallu une clef pour découvrir ce sens secret, et que cette clef ait été précisément l'Initiation. Dans l'introduction de son livre, notre éminent prélat dit que le platonisme et la

(1) Nous reviendrons au chapitre VIII sur cette question.

philosophie orientale prêtèrent leurs formules pour exprimer ce résultat nouveau, mais de peur d'être accusé de rattacher la doctrine dionysienne aux doctrines antérieures au Christianisme, il se hâte d'ajouter que saint Denys a pu connaître ces doctrines, au cours de ses voyages en Égypte et en Orient. D'après Mgr Darboy, saint Pantène expliquait l'Ecriture *dans le sens allégorique*. Saint Clément d'Alexandrie déclare lui-même, dans ses Stromates qu'il fut initié aux connaissances variées de la philosophie païenne par des maîtres grecs et orientaux. Origène dut à ce culte exagéré de la philosophie païenne, l'espèce d'anathème qui pesa sur sa mémoire. Il y a donc eu pénétration très intime de la tradition ancienne dans la doctrine du Christianisme, mais deux courants se sont produits : l'un continuant la tradition ancienne par l'Ecole d'Alexandrie, et l'autre se trouvant rénové par l'enseignement du Christ. Cet enseignement paraît avoir été voilé par le *sens allégorique* donné aux Ecritures, au point que l'allégorie s'est assez affirmée pour être prise comme réalité et qu'il ait fallu plus tard l'esprit mystique pour en retrouver le sens primitif. La critique ne peut dire dans quelle mesure la transformation s'est faite, mais on peut espérer que les recherches actuellement entreprises par la science donneront sur ces points obscurs de nouvelles révélations.

Il convient de remarquer aussi que les allusions aux mystères, aux initiations et aux doctrines mystiques ne nous sont parvenues que parce qu'elles se trouvent intercalées dans les œuvres des Pères de l'Eglise et qu'elles ont été reproduites sous forme d'articles condamnés pour hérésie par l'Eglise. Ce ne sont évidemment que des échos bien affaiblis de la grande voix mystique étouffée par les persécutions. Malgré l'exil et la mort infligés aux alexandrins (1), l'incendie de la bibliothèque d'Alexandrie, les autodafés des ouvrages mystiques et de leurs auteurs, la tradition mystique n'a pas été complètement étouffée et a filtré à travers le monument des dogmes accumulés.

(1) Lapidation d'Hypathie, la célèbre néo-platonicienne, attribuée aux manœuvres de saint Cyrille (voir *Dict. phil.* de Franck).

CHAPITRE IV

I. RELATIONS ENTRE LE MYSTICISME CATHOLIQUE, L'ÉCOLE D'ALEXANDRIE ET LA TRADITION ÉSOTÉRIQUE DE L'ANTIQUITÉ. — II. MYSTIQUES MUSULMANS ET HINDOUS.

§ I. — *Relations entre le Mysticisme catholique, l'Ecole d'Alexandrie et la tradition ésotérique de l'antiquité.*

Au sujet de la tradition mystique, M. Caro dit qu'elle a sa source à *Alexandrie* plutôt qu'à Bethléem : « Poètes, dit-il, et prêtres plus que philosophes, ces mystiques ont reçu leurs hymnes de Pythagore, leur sacerdoce des temples d'Isis : ils n'empruntent au Christianisme que des formes et des mots : le fond de leur doctrine revient à l'antique Orient, leurs idées sont celles d'Hermès s'efforçant de parler la langue de la Genèse ou de l'Evangile... Et cependant, malgré de si graves erreurs, le mysticisme semble immortel. Il vit, il se perpétue de siècle en siècle ; il maintient la chaîne d'or à travers les générations. Tout n'est donc pas illusion en lui. Il faut qu'il ait de profondes racines dans le cœur même de l'homme puisqu'il dure ainsi, indestructible dans son fond, changeant de forme, non d'essence, de système, non de méthode. Soyons justes envers le mysticisme et reconnaissons qu'il n'est pas aussi étranger à la nature humaine qu'on pourrait le croire... On condamne les mystiques, mais, c'est là une de ces sentences qu'on ne prononce que du bout des lèvres et que le cœur dément. Ames malades ! Oui, sans doute ; mais c'est du mal du ciel ! Fragile et mélodieux instrument où retentit l'écho des éternelles harmonies ! Harpes éoliennes placées entre le monde visible et le monde invisible, et d'où chaque brise qui descend du ciel, chaque souffle qui vient d'en haut, tire une ineffable mélodie et de ravissants accords ! »

Quelle puissance a donc le mysticisme pour faire sortir de tels accents du cœur d'un écrivain catholique, alors que sa raison lui dit que ce goût du mystère est une maladie !

L'opinion de ce philosophe, défenseur du dogme et de la tradition chrétienne, corrobore une fois de plus la thèse philosophique en ce qui concerne la filiation des écoles mystiques, et leur connexion avec les idées alexandrines ; si l'on considère que l'opinion de Mgr Darboy, qui attribue l'origine du mysticisme catholique aux écrits de saint Denys l'Aréopagite, se rattache à la thèse philosophique, on voit que le mysticisme converge vers la grande Ecole d'Alexandrie. C'est le tronc où viennent se ramifier toutes les branches mystiques qui ont fleuri et refleuri pendant l'ère chrétienne et cela malgré les plus terribles persécutions. C'est aussi à cette même école que se rattache le mysticisme musulman. Dans une étude faite en 1902 dans le *Journal asiatique*, M. Blochet déclare que les ouvrages persans et arabes sont maintenant assez connus pour qu'on puisse dégager la doctrine de l'ésotérisme musulman ou soufisme, et voir que les œuvres de la philosophie arabe dérivent des *Ennéades* de Plotin, de Porphyre, en un mot de l'Alexandrinisme. « La doctrine néo-platonicienne, dit M. Blochet, formulée par les premiers soufis, par les humbles qui avaient compris les vérités suprêmes des choses humaines, s'est ainsi transmise à travers tout le mysticisme sans aucune déperdition. Cela montre combien à travers des formes en apparences si multiples et si déconcertantes, la doctrine ésotérique a gardé une unité parfaite et une continuité qu'on chercherait en vain dans une forme religieuse. »

Bien que l'Église ne reconnaisse pas que le mysticisme catholique procède des enseignements secrets laissés par Jésus onze ans après sa résurrection, ainsi qu'il est dit dans certains écrits comme la *Pistis Sophia*, il ne faudrait pas conclure, même si cette thèse était admise, que le mysticisme catholique ne fût pas un chaînon de la grande chaîne mystique. La critique semble admettre que les débuts du ministère de Jésus furent précédés d'un long développement et d'une véritable initiation. Il n'est pas moins certain, dit M. Schuré (1), que cette initiation dut avoir lieu chez la seule secte qui eût des points communs avec sa doctrine, la secte des Esséniens. « Pourquoi, ajoute-t-il, les apôtres et les évangélistes n'en parlent-ils pas ? Evidemment, parce qu'ils considèrent les Esséniens comme étant des leurs, qu'ils sont liés avec eux par le serment des mystères et que la secte s'est fondue avec celle

(1) *Les grands Initiés* par M. E. Schuré.

des chrétiens. » Or, les doctrines esséniennes présentant des points essentiels en concordance avec les écoles orphique et pythagoricienne, se rattachent par suite au mysticisme universel.

Ainsi donc, même en faisant sortir le mysticisme catholique des mystères de Jésus, il n'y a pas de solution de continuité dans la grande tradition ésotérique, ce chaînon particulier se soudant aux écoles mystiques qui ont précédé les écoles alexandrines (1).

C'est un fait admis par la critique que les doctrines de l'Ecole d'Alexandrie procèdent de celles de Platon et de Pythagore dans ce qu'elles ont de plus mystérieux et que toute leur philosophie est imprégnée du plus pur mysticisme. Le respect des alexandrins pour la tradition ésotérique était tel que plusieurs membres fondèrent des écoles à l'instar de celles de Pythagore en menant une vie pure et ascétique. Ce même caractère est commun aux écoles gnostiques des premiers siècles de l'ère chrétienne. Bien que la Gnôse (science supérieure ou mystérieuse) se rattache par certains points à la Kabbale, l'Ecole secrète des Juifs, les

(1) Comme nous le verrons plus loin l'intermédiaire fut le Gnosticisme.

théosophes, gnostiques manifestaient une grande indépendance ; ils disaient aux Juifs : « Votre révélation n'est pas de l'Etre suprême, elle est l'œuvre d'une divinité secondaire, du Démiurge ; vous ne connaissez donc ni l'Etre suprême ni sa loi » ; et aux chrétiens : « Votre chef est une intelligence de l'ordre le plus élevé, mais ses apôtres n'ont pas compris leur Maître et, à leur tour, les disciples ont altéré les textes qu'on leur avait laissés (1). »

En faisant l'analyse de ces écoles mystiques M. Caro dit que, suivant les idées des gnostiques et des kabbalistes, les sages du monde ne saisissent que la forme des choses et le sens littéral des livres, tandis que les sages de la Gnôse et de la Kabbale en saisissent le fond et le sens mystérieux ; de là les nécessités des initiations : êtres privilégiés, ils se feront les dispensateurs de la science aux âmes d'élite, capables de la conserver incorruptible, comme dans un vase pur. En suivant le fil de la tradition ésotérique, on trouve que le gnosticisme et le kabbalisme renferment des éléments bouddhistes chinois, persans, chaldéens et égyptiens. Il faut donc qu'il y ait eu des

(1) Franck, *op. cité*.

rapports entre ces écoles et ces diverses nations. Quelle serait la raison d'être de la révélation d'une doctrine secrète à l'origine de toutes les grandes civilisations si ce n'était la transmission de ce que tous les initiés ont considéré comme le prototype de la religion — la Religion-Sagesse — capable de dominer les formes multiples des religions exotériques! Les dogmes ne constituaient que le cadre, tandis que le contenu était du domaine intuitif de l'âme. Un fond de doctrine qui a pu traverser le cours des âges sans être altéré par la versatilité humaine, n'est-il pas marqué du sceau de la sagesse? Non seulement les philosophes reconnaissent à ce fond commun du mysticisme spéculatif un caractère de pureté et d'inaltérabilité, mais saint Clément d'Alexandrie (1), « lui-même attribue à Pythagore, aux disciples auxquels il donna son nom, et à Platon, une sorte de perspicacité divinatrice qui secondait l'inspiration divine, ce qui leur permit, dit-il, de recueillir quelques parcelles élémentaires de vérité ». Si ces éléments sont des parcelles de la doctrine secrète qui ont filtré à travers les voiles symboliques, on peut préjuger de ce que devait

(1) *Stromates*.

être la totalité de l'enseignement au point de vue ésotérique.

On dit souvent que l'histoire remonte au berceau du monde, on peut en dire autant du mysticisme ou de la science des mystères, car l'antique Religion-Sagesse remonte à l'enfance de l'humanité, et la science peut la suivre jusqu'à 1200 ans avant l'ère chrétienne dans les doctrines védiques d'où sortirent le brahmanisme et le bouddhisme. Du brahmanisme la tradition ésotérique passa chez les Egyptiens avec Hermès, chez les Perses avec Zoroastre qui vint de l'Inde pendant la période védique. Ce sont ces doctrines du zoroastrinisme qui inspirèrent le Gnosticisme et la Kabbale et que le Français Anquetil-Duperron retrouva après 22 siècles dans l'Inde chez les Parsis. Que la tradition ésotérique, cette histoire cachée et intérieure, que l'on trouverait plus véridique que l'histoire extérieure si on pouvait les comparer, ait été dénaturée et qu'elle ait subi le mauvais renom qui s'est attaché aux cérémonies initiatrices des mystères des temples d'Eleusis, de Delphes ou de Dionysos, elle doit bénéficier de ce que l'histoire extérieure nous apprend. C'est qu'à *priori* le vulgaire a toujours tenté de salir ce qu'il ne pouvait saisir et comprendre! Qu'importent d'ailleurs la date et le lieu de l'initiation et que celle-ci ait été reçue dans les sanctuaires de l'Inde, de l'Egypte, de la Grèce ou de la chrétienté, si tous les mystiques anciens ou modernes, pythagoriciens, platoniciens, hermétistes, kabbalistes, gnostiques, néo-platoniciens, chrétiens, alchimistes, soufis, rose-croix et théosophes ont parlé, vu et vécu de la même manière, et cela malgré les intervalles séculaires les plus considérables! Qu'importe sa forme extérieure si le mysticisme, véritable Protée disparaissant et renaissant sans cesse sous des formes nouvelles, — sans doute pour mieux s'adapter aux aspirations humaines — est lui-même resté inchangeable quant à son fond! Il semble que tous ces noyaux mystiques aient été jetés dans les milieux et les races les plus divers, mais que les grands semeurs qui les ont implantés dans le monde n'aient pu réussir à souder les éléments épars pour en faire le lien commun de toutes les religions et le fondement de la Religion Universelle.

Ces réapparitions persistantes et continues du mysticisme seraient-elles dues à l'impuissance, comme le prétendent certains philosophes, alors qu'elles ont amené le réveil des forces mentales et spirituelles en suscitant une renaissance des lettres, des arts et des sciences (1) ? S'il y a une race d'avant-garde en spiritualité, un peuple de Dieu, marqué du signe de l'illumination, cette race a dû recevoir le douloureux héritage laissé par ses fondateurs qui, pour la plupart, ont été voués à l'exil, à la persécution, à la torture et à la mort ignominieuse. Les mystiques n'ont-ils pas été les victimes de nombreux et trop célèbres autodafés ? De nos jours encore ne sont-ils pas voués à l'exécration des dogmatistes s'ils ne sont pas orthodoxes, à la risée du monde et aux cabanons d'aliénés ? Si la qualité d'opprimés est un titre pour être un peuple d'élus, les mystiques peuvent, à bon droit, revendiquer ce titre.

Que sont donc ces grandes figures héroïques, les Pythagore et les Platon, les Apollonius de Tyane et les néo-platoniciens, les Paracelse et les Van Helmont, les Bœhme et les Saint-Martin, et tant d'autres illustres Maîtres de l'ésotérisme ? Unis par un lien puissant — ce lien qui relie les âmes sur la cime élevée de la spiritualité — ne

(1) L'Averroïsme, par exemple.

sont-ils pas membres d'une même Fraternité pour s'être passé ainsi le flambeau mystique à travers les âges, malgré la différence et la multiplicité des races et des religions ? Ne sont-ils pas les porte-parole d'une Fraternité supérieure, celle des gardiens de la lumière sacrée, des Maîtres parfaits qui ont été les canaux de la Vie divine ?

Qu'importent les noms humains dévolus par droit de naissance aux Krishna, Bouddha, Hermès, Moïse, Orphée, Pythagore et Jésus, si l'on découvre la même Lumière derrière le voile des sanctuaires ? Dans cette immense hiérarchie spirituelle, les signes sous lesquels l'humanité a pu les désigner ne sont pas sans doute les signes divins. Que valent les conceptions humaines à des hauteurs aussi prodigieuses ? Le corps physique d'un Maître est-il autre chose qu'une poussière d'atome, un miroir où s'est réfléchi un éclair de l'immense soleil spirituel qu'est le Logos ? Les pensées sublimes et profondes de la Théosophie antique, professée dans l'Inde, l'Egypte et la Grèce, de la Théosophie dorienne, de la sagesse delphique, de l'Ecole d'Alexandrie, de la tradition occulte d'Israël, de l'ésotérisme chrétien, constituent la base essentielle des vérités premières et dernières, et « cela toujours par la même voie de l'initiation intérieure et de la méditation (1) ».

§ II. — *Mystiques musulmans et hindous.*

La tradition se continue par l'ésotérisme musulman et le mysticisme hindou qui renaît sous une forme nouvelle : la théosophie moderne. Nous pouvons lire dans les écrits de ces mystiques que ceux qui ont reçu mission de veiller sur la transmission de l'ésotérisme ont gardé des attaches matérielles avec le plan terrestre. Suivant l'ésotérisme musulman (2), les membres de la hiérarchie mystique (prophètes, saints, soufis, les Connaissants, les Parfaits, les hommes de Dieu) ont des extases différentes suivant leur degré d'avancement sur l'échelle mystique. Les mystiques professent la théorie qu'Allah renvoie sur la terre les saints qui, à force d'études et de mortifications, sont arrivés au Nirvana, et cela dans le but de guider les hommes dans le vrai chemin... Certains soufis affirment que les saints ou abdals

(1) *Les Grands Initiés* par Ed. Schuré.,
(2) *Journal asiatique,* 1902, Etude de M. Blochet.

se connaissent entre eux et sont des Etres parfaitement visibles ; ils sont en dehors de la hiérarchie mystique et connaissent tous les secrets divins et les secrets des sept grandes planètes ; ils ne sont pas des personnages intangibles et sans réalité matérielle ; ce sont des hommes qui ne se distinguent pas extérieurement des autres. Certains soufis de l'ésotérisme indien parlent de « Solitaires parfaits » et non parfaits. Jamais les mystiques musulmans n'ont perdu de vue cette théorie que l'homme suffisamment purifié par la prière et la méditation peut se trouver dans des conditions ésotériques qui sont celles de la Divinité.

Dans l'ésotérisme hindou, mis en lumière par la Société Théosophique, n'est-il pas aussi bien souvent question de Mahatmas, de Maîtres, d'Adeptes parfaits et de Chelas ou disciples qui vivent dans les solitudes de l'Himalaya ? M. Sinnett, l'éminent théosophe anglais, dit, dans son livre « Le développement de l'Âme », que ces grands Etres parfaits, les Maîtres, ont atteint une condition surhumaine, caractérisée par une longévité considérable et par la persistance de pouvoirs qui leur permettent d'agir sur les plans élevés de la nature. « Ils n'en sont pas moins accessibles, dit-il, à nos recherches, non parmi la foule affairée qui encombre nos cités, mais dans de profondes retraites où le véhicule physique, qui leur permet de prendre contact avec notre plan d'existence, se trouve à l'abri de la contagion magnétique qui se dégage des centres plus peuplés et les rendrait incapables d'exercer les hautes fonctions spirituelles que comporte maintenant leur rang élevé dans la nature. » Ce sont, dit-on, quelques-uns de ces grands Etres qui sont les inspirateurs du mouvement théosophique ; mais quel est le but poursuivi, pourrait-on demander ? Toujours le même, il reste invariable à travers les siècles innombrables accumulés. C'est le développement régulier et méthodique de l'âme, non par des méthodes ascétiques, ni par le magnétisme, la clairvoyance, la transmission de pensée, ni par des entraînements psychiques, mais par la mise en pratique de la vie mystique, c'est-à-dire : purification, initiation intérieure et méditation. C'est peut-être la première fois que l'on soulève d'une façon aussi ostensible le voile des mystères.

CHAPITRE V

FOND PERMANENT DES CROYANCES MYSTIQUES : I. L'UNITÉ. — II. LA RÉINCARNATION. — III. LA DÉIFICATION. — IV. LA MORALE MYSTIQUE.

§ I. — *L'Unité*

Il importe d'indiquer les grandes lignes de la tradition ésotérique, et de mettre en lumière les idées essentielles qui forment le fond permanent du mysticisme universel. Le premier et le dernier mot, dit M. Caro, c'est l'Unité (1). Qu'on donne à l'Unité le nom de Kneph ou d'Amon des Egyptiens, de Parabrahm des Indous, de l'Ineffable obscurité trois fois inconnue du système orphique, de l'Ain-Soph de la Kabbale, du grand Tao des Chinois, du *Mysterium magnum* de la philo-

(1) C'est aussi ce que disent les antiques écrits védantins.

sophie hermétique, de l'Inconnu ineffable au-delà de l'Un de Platon, de la Substance Eternelle infinie des philosophes anciens, de Βυθός des gnostiques, de la Racine ténébreuse de Bœhm, de l'Unité de Saint-Martin, c'est de Dieu non engendré, Eternel, absolu, qu'il s'agit. C'est de l'existence réelle, unique, éternelle, infinie, inconnaissable, que procède le Dieu manifesté, le Logos, se développant d'unité en dualité, de dualité en trinité. De la Trinité manifestée procèdent des intelligences — guides de l'évolution cosmique — et des myriades de semences qui sont jetées dans le sein de la matière remplissent l'espace de l'univers, créé par le Logos. L'Esprit et la Matière dont les racines sont éternelles, la vie et la forme constituent la dualité, le couple fondamental des contraires, base de tout univers. La vie divine est immanente dans chaque atome et chaque semence de vie se développe à travers mille combinaisons par une ascension lente et continue jusqu'au complet développement de toutes les qualités et forces qu'elle contenait à l'origine en simple potentialité (1).

M. Caro dit à ce sujet : « Principes subdivisés

(1) Voir la *Sagesse antique*, par Mme A. Besant.

et distincts au regard de notre pensée, mais ne cessant pas un instant aux yeux de Dieu de faire un avec lui, tombant dans le multiple et se dégradant à mesure qu'ils s'éloignent de l'Etre, mais ramenés à l'unité par la loi de la pensée divine... » C'est la grande loi de l'Emanation, et de l'Absorption, de l'Involution et de l'Evolution. L'homme séparé de l'Unité y retourne par la science ou par l'amour, double chemin, dit M. Caro, qui conduit à l'extase. « L'homme, dit Mme Besant, réflexion du Dieu manifesté, se compose par suite d'une trinité fondamentale ; il évolue par des incarnations répétées, dans lesquelles il est attiré par le désir, et d'où il est libéré par la connaissance et le sacrifice, devenant *divin* en actualité, comme il a toujours été en potentialité. »

M. Pezzani (1) dit que l'unité de Dieu qui découlait des traditions primitives et générales de l'humanité, méconnue par le vulgaire, se réfugia dans le sanctuaire des temples et ne fut enseignée qu'aux initiés sous le sceau d'un inviolable secret. Pourquoi ce secret devait-il être gardé ? Sans doute, disent plusieurs auteurs, parce que

(1) *Pluralité des existences.*

le peuple attaché à ses idoles grossières et voulant des dieux faits à son image, ne pouvait s'élever à la conception pure de l'Unité et aurait mis à mort, pour venger ses dieux, ceux qui auraient tenté de lui enlever l'idole dans laquelle il avait personnifié ses vices. La théorie de l'Unité se retrouve dans tous les systèmes philosophiques : Orphiques, Pythagoriciens, Platoniciens, Néoplatoniciens, et on peut en suivre la filiation, non seulement dans les traditions laissées par les grands philosophes anciens qui, pour la plupart, ont été initiés aux mystères, mais encore dans les écrits les plus anciens, tels que les Upanishads des Hindous. C'est cette tradition antique qui est reprise par le mysticisme théosophique moderne. « C'est, dit Mme Besant (1), l'enseignement des sages et nous le répétons humblement. »

§ II. — *La Réincarnation.*

Après l'Unité de Dieu, la Grande Loi qui formait le fond même des mystères et qui a été transmise par les initiés anciens ou modernes, fut la loi de la pluralité des existences de l'âme sur la

(1) *Le Dharma*, par Mme Besant, p. 12.

terre, loi appelée par les contemporains « la loi de la Réincarnation » et par les anciens la Métempsycose. L'idée d'une transmigration des corps dans les animaux, n'est que la forme exotérique de la grande idée émise par ceux qui avaient la connaissance des mystères, déformation fatale des grandes vérités quand elles sont dévoilées au monde, ou encore symbole analogue à celui des peines de l'enfer, que les sages de l'antiquité crurent devoir ériger pour maintenir l'humanité ignorante dans le droit chemin (1). »

La loi de la réincarnation ou du développement de l'âme par la pluralité des existences terrestres, a été reproduite par les plus illustres penseurs de tous les siècles et de tous les pays. On retrouve cette idée exprimée dans l'antiquité, par les Orphiques, par Pythagore et Platon, Porphyre, Jamblique, par les théologies juive et chrétienne, du moins à l'origine du Christianisme. On retrouve la même affirmation dans les écrits de Giordano Bruno, Campanella, Van Helmont, Cyrano de Bergerac, Delormel, Charles Bonnet, Dupont de Nemours, Ballanche, — Lessing qui représente Dieu comme élevant et instruisant

(1) Ce fut l'opinion de Cicéron, de Plutarque.

l'humanité par une révélation progressive — Schlegel, Saint-Martin, Constant Savy, Pierre Leroux, Fourier, de Brotonne, Alphonse Esquiros, Patrice Laroque, Jean Reynaud, Allan Kardec, Camille Flammarion, Pezzani, etc. En Angleterre, Hume, Max Muller, Huxley admettent que cette opinion mérite le plus sérieux examen.

Toute la littérature sanscrite qui remonte à la plus haute antiquité, et dont la profondeur étonne les savants occidentaux, est imprégnée, comme la Bhagavad-Gita, du dogme de la Réincarnation qui en est véritablement la pierre angulaire. Cette croyance est fondamentale pour le Brahmanisme et le Bouddhisme, dont les doctrines reposent sur le développement de l'âme par un enchaînement de vies terrestres. L'âme doit faire son long pèlerinage à travers des naissances et des morts successives, pour acquérir chaque fois de nouvelles capacités par ses expériences, et celles-ci se traduisent par des défaites et des victoires, au milieu de luttes survenues dans le cours de ses vies, jusqu'à ce qu'elle arrive au progrès moral qui lui permettra d'être délivrée de la roue des renaissances et d'atteindre sa libération, c'est-à-dire le Nirvana.

Le zoroastrinisme ne paraît pas avoir, du moins dans la tradition exotérique, de doctrines spéciales sur la Réincarnation ; mais on trouve dans les livres zends la croyance que le *mal n'est que transitoire* et que tous les hommes finiront, non pas dans des peines éternelles, mais dans des états de béatitude et dans des corps lumineux. Mme Besant (1) dit à ce sujet que la Réincarnation ne paraît pas être enseignée dans les ouvrages qu'on a traduits jusqu'à présent, et que cette croyance ne se rencontre guère que chez les Parsis modernes. Mais, dit-elle, nous trouvons chez eux cette idée que l'Esprit, dans l'homme, est une étincelle dont la destinée est de devenir un jour une flamme et d'être réunie au Feu suprême ; et ceci doit impliquer un développement pour lequel la renaissance est indispensable. Le zoroastrinisme, ajoute-t-elle, restera d'ailleurs incompris tant que l'on n'aura pas retrouvé les *Oracles Chaldéens* et les écrits qui s'y rattachent, car c'est réellement de lui qu'ils tirent leur origine.

En Chine, on trouve une tradition d'une haute antiquité sous la forme du Taoïsme où la Réincar-

(1) *La Sagesse antique.*

nation ne paraît pas être nettement enseignée, mais où l'on rencontre de nombreuses allusions à cette grande idée qui semble toujours être implicitement contenue et voilée par de nombreuses allégories. La répulsion (1) des Tartares et des Mongols pour tuer les animaux provient de leur croyance à la transmigration des âmes dans le corps des animaux et ces idées sont propagées par les Lamas ignorants et trompeurs qui veulent amasser des richesses aux dépens de ces pauvres gens crédules. On peut voir dans cette idée une déformation de la doctrine de la réincarnation.

D'après la Kabbale, l'Ecole secrète des Juifs, il est dit dans le Zohar que toutes les âmes sont soumises à la métempsycose, mais ignorent la manière dont elles ont été jugées de tout temps et avant d'être venues en ce monde et après l'avoir quitté. Les âmes sont destinées, après leur émancipation, à rentrer dans la substance divine, mais pas avant d'avoir développé toutes les qualités du germe indestructible qui est en elles jusqu'à ce qu'elles arrivent à la perfection. Ce retour dans les existences terrestres et cet exil cessent dès que l'union mystique est réalisée, c'est-à-dire qu'au

(1) M. Huc, *op. cit.*

« moyen de l'intuition et de l'amour, l'âme se dépouille du sentiment de son existence et se confond, ou plutôt se conforme, dans son principe au point de n'avoir plus d'autre pensée ni d'autre volonté que la pensée et la volonté de Dieu » (1).

M. Franck (2) dit que l'on trouve l'idée de métempsycose ou de transmigration des âmes au berceau de toutes les religions et de toutes les philosophies de l'antiquité. Suivant Pythagore, il fallait une certaine harmonie entre les facultés de l'âme réincarnante et la forme physique qui devait lui servir de véhicule, et qu'avant son retour à l'existence terrestre, l'âme passait un temps dans la vie extra-terrestre. Platon donne dans le *Phédon* une forme spéculative à cette idée : « Si, dit-il, après avoir consulté les lois générales de l'Univers, nous descendons au fond de notre âme, nous y trouvons le même dogme attesté par le fait de la réminiscence. *Apprendre n'est pas autre chose que se souvenir.* » Platon estime à mille ans le séjour extra-terrestre entre une vie et une autre et il admet que l'âme de ceux qui n'ont conservé aucune souillure du corps et se sont retirés en

(1) Franck, *op. cit.*
(2) *Op. cit.*

eux-mêmes par la méditation, « va à un être semblable à elle, à un être divin, immortel et plein de sagesse, *comme le disent ceux qui sont initiés aux saints mystères.* » Bien plus, il reconnaît que nos vies successives dépendent de nos fautes et de nos désirs, en disant au sujet du choix de nos conditions terrestres : « La faute du choix tombera sur nous, Dieu est innocent (1). »

Mme Besant dit que les écoles Pythagoricienne, Platonicienne, et Néo-Platonicienne ont tant de points de contact avec la pensée hindoue et bouddhiste que leur dérivation d'une source unique paraît évidente. On trouve, implicitement, la confirmation de cette assertion au sujet de la Réincarnation, dans les *Ennéades* de Plotin : « C'est un dogme reconnu, dit-il, *de toute antiquité* et universellement admis, que si l'âme commet des fautes, elle est condamnée à les expier en subissant des punitions dans les enfers ténébreux, puis elle est admise à passer dans de nouveaux corps pour recommencer ses épreuves... Ils (les dieux) assurent à chacun le sort qui lui convient et qui est harmonique avec ses antécédents selon ses vies successives... Le but, dit-il ailleurs, n'est

(1) Citation faite par Pezzani.

plus d'être sans péché, mais de devenir un Dieu. » Plotin enseignait exotériquement la croyance à la métempsycose sans doute dans le but d'inspirer la crainte aux hommes ignorants. Porphyre s'affranchit de cette croyance populaire et professa la pure doctrine de l'ésotérisme. Jamblique répète fréquemment que l'homme est le véritable auteur de ses actions et qu'il est à lui-même son propre démon. Disciple de Plotin et de Porphyre, il reproduit le plus souvent les idées et les tendances morales de Platon.

Dans le Nouveau-Testament, la doctrine de la Réincarnation est plutôt tacitement admise que nettement enseignée. Ainsi Jésus dit à ses disciples qu'« Elie est déjà venu et ils ne l'ont point connu ». Les disciples sous-entendent encore la Réincarnation lorsqu'ils demandent si c'est en punition de ses péchés qu'un homme est né aveugle. Jésus, dans sa réponse, ne rejette pas la possibilité même du péché anté-natal, il se contente de l'écarter comme n'étant pas la cause de la cécité dans le cas particulier considéré (1). On cite aussi le passage de l'Evangile de saint Jean relatif à la conversation de Jésus et de Nicodème.

(1) Mme Besant, *La Sagesse antique.*

Jésus répond : « En vérité, en vérité, je vous le dis, personne ne peut voir le royaume de Dieu s'il ne naît de nouveau. »

Origène professe hautement la doctrine de la Réincarnation dans ses écrits et se demande quel est le total des étapes que son âme a parcourues dans cette hardie pérégrination à travers l'infini, quels sont les progrès accomplis à chacune de ces stations, et moyennant quelles épreuves, quel changement introduit dans l'itinéraire, quelles sont les circonstances de cet immense voyage et quelle est la nature particulière des résidences. Ces questions, dit-il, constituent, sinon de vrais mystères, du moins des secrets sur lesquels les ressources de notre existence présente ne nous permettent pas de faire tomber aucune lumière précise.

Saint Jérôme (1), dans une lettre à Démétriade, dit que la transmigration des âmes a été longtemps parmi les chrétiens l'objet d'un enseignement secret. Saint Grégoire de Nysse dit qu'il y a nécessité de nature pour l'âme immortelle d'être guérie et purifiée, et que, si elle ne l'a pas été

(1) Franck (article Métempsycose), *op. cit.*

par sa vie terrestre, la guérison s'opère dans les *vies futures* et *subséquentes* (1).

Dans le Druidisme, nul n'était soumis aux épreuves terrestres sans l'avoir mérité, sans que cela fût une condition de notre avancement et ne se liât au plan général de la création. Si l'âme avait fait le mal, elle retombait à une condition inférieure d'existence plus ou moins basse, plus ou moins douloureuse suivant le degré de ses fautes. Il y a, en effet, assez de supplices à imaginer dans le cercle de la vie humaine et de la vie des autres mondes pour disposer d'un lieu à part de punition (2).

Leibnitz, dans sa *Théodicée*, va jusqu'à admettre que la monade humaine a commencé par être végétale, puis animale, et, qu'arrivée au summum de l'animalité, elle a reçu la raison par une sorte de *transcréation* (3).

Dans *Seraphitus-Seraphita*, Balzac (4) s'exprime ainsi : « Tous les êtres passent une pre-

(1) *Grand discours catéchétique*, t. III, ch. VIII, édit. Morel (citation faite par Pezzani).

(2) *Op. cit.*, Pezzani.

(3) Influx divin du premier Logos dans la théosophie moderne.

(4) Balzac connaissait les écrits de Swedenborg et de Saint-Martin et y fait de fréquentes allusions.

mière vie dans la sphère des instincts où ils travaillent à reconnaître l'inutilité des trésors terrestres après s'être donné mille peines pour les amasser; *combien de fois vit-on dans ce premier monde* avant d'en sortir préparé pour recommencer d'autres épreuves... Combien de *formes* l'être promis au ciel a-t-il usées avant d'en venir à comprendre le prix du silence et de la solitude dont les steppes étoilés sont le parvis des mondes spirituels... C'est alors d'autres existences à user pour arriver au sentier où brille la lumière. La mort est le relais de ce voyage. Les expériences se font alors en sens inverse ; il faut souvent toute une vie pour acquérir les vertus qui sont l'opposé des erreurs dans lesquelles l'homme a précédemment vécu... Les qualités acquises et qui se développent lentement en nous sont les liens invisibles qui rattachent chacun de nos *existers* l'un à l'autre, et que l'âme seule se rappelle, car la matière ne peut se ressouvenir d'aucune des choses spirituelles. La pensée seule a la tradition de l'antérieur Ce legs perpétuel du passé au présent et du présent à l'avenir est le secret des génies humains : les uns ont le don des formes, les autres ont le don des nombres, ceux-ci le don des harmonies. Ce sont des progrès dans le chemin de la lumière... Quand arrive le jour heureux où vous mettez le pied dans le chemin, la terre ne vous comprend plus... Les hommes qui arrivent à la connaissance de ces choses et qui disent quelques mots de la parole vraie, ceux-là ne trouvent nulle part où reposer leur tête, sont poursuivis comme des bêtes fauves et périssent souvent sur des échafauds à la grande joie des peuples assemblés, tandis que les anges leur ouvrent les portes du ciel... Vous serez le trésor enfoui sur lequel passent les hommes affamés d'or, sans savoir que vous êtes là. Votre existence devient alors incessamment active, chacun de vos actes a un sens qui se rapporte à Dieu... Vous sentez Dieu près de vous, en vous ; il donne à toute chose une saveur sainte, il rayonne dans votre âme, il vous empreint de sa douceur, il vous désintéresse de la terre pour vous-même et vous y intéresse pour lui-même en vous laissant exercer son pouvoir... » Balzac parle de la vie où l'on désire, de la vie où l'on souffre, de la vie où l'on aime et où le dévouement pour la créature apprend le dévouement pour le créateur, et enfin de la vie où l'on prie. « La dernière vie, dit-il, celle en qui se résument les autres, où se tendent toutes les forces, et dont les mérites doivent ouvrir la porte sainte à l'être *parfait*, est la vie de prière. »

La doctrine saint-simonienne admet aussi la pluralité des existences et la solidarité universelle. Une des idées favorites que le saint-simonisme a répandues dans le monde est celle de la perfectibilité indéfinie du genre humain (1).

Emile Barrault, l'ex-saint-simonien, s'exprime ainsi :

« Chacun de nous saura qu'il est déjà venu ici et qu'il y reviendra, qu'il n'est pas un hôte campant sous une tente qu'on dresse aujourd'hui et qu'on abat demain ; qu'il y doit fonder son avenir par ses travaux, par ses amitiés, par son attachement à la cité, et personne ne se préoccupera de se faire à la hâte un bonheur égoïste dont il ne retrouverait plus que des débris au retour. Semons ici-bas, c'est ici-bas que nous habiterons, mettons le gland en terre, nous nous assoierons à l'ombre du chêne. Mais pratiquons la justice ou craignons d'être un jour jugés par nos victimes. Tout ce que nous prendrons nous

(1) Pezzani, *op. cit.*

sera ôté ; tout ce que nous donnerons nous sera rendu. Nous ne pouvons rien par nous-mêmes, qu'à la condition de vouloir pour tous et nous ne nous élèverons dans une sphère plus lumineuse qu'avec cette humanité à laquelle Dieu nous associe.

« D'ici, je voudrais pouvoir penser que tous ceux qui ont souffert dans le passé espèrent aujourd'hui, que tous ceux qui espèrent dans le présent jouiront dans l'avenir, que tous ceux dont les facultés se sont atrophiées dans des crânes étroits revivent ou revivront avec ce front qu'un cerveau dilaté élargit et fait rayonner ; que tous ceux qui ont souillé leurs mains de sang tendront un jour à leurs frères une main fraternelle... Et moi-même, je voudrais pouvoir m'endormir avec le mot de Gœthe sur les lèvres : *De la lumière, encore de la lumière*, et de sommeil en sommeil, de réveils en réveils, arriver à ce point où la lumière nous est donnée dans la plénitude. »

Fourier, le père de l'Ecole phalanstérienne, dit que la transmigration des âmes est dans les vœux secrets et qu'elle est conforme aux intérêts de l'humanité. « Plusieurs autres vies nous attendent, dit-il, les unes dans le monde, les autres dans une vie supérieure avec un corps plus subtil et des sens délicats (1) ».

Allan Kardec, le représentant du spiritisme, se demande : 1° Pourquoi l'âme montre-t-elle des aptitudes si diverses et indépendantes? 2° D'où vient l'aptitude extra-normale de certains enfants en bas âge pour tel art ou tel science, tandis que d'autres restent inférieurs ou médiocres toute leur vie ? 3° D'où viennent chez les uns les idées innées ou intuitives qui n'existent pas chez d'autres ? 4° D'où viennent chez certains enfants ces instincts précoces de vices ou de vertus, ces sentiments innés de dignité ou de bassesse qui contrastent avec le milieu dans lequel ils sont nés ? 5° Pourquoi certains hommes, abstraction faite de l'éducation, sont-ils plus avancés les uns que les autres ? 6° Pourquoi y a-t-il des sauvages et des hommes civilisés ? Si vous prenez un Hottentot à la mamelle et si vous l'élevez dans nos lycées les plus renommés, en ferez-vous jamais un Laplace ou un Newton ?... Admettons, au contraire, une succession d'existences antérieures progressives, et tout est expliqué. Les hommes apportent en naissant l'intuition de ce qu'ils ont

(1) Théorie de l'Unité universelle.

acquis ; ils sont plus ou moins avancés, selon le nombre d'existences qu'ils ont parcourues. »

La tradition hermétique, en honneur dans les écoles modernes d'occultisme, enseigne le développement des êtres par l'évolution et suivant d'inflexibles lois. Parmi les séries hiérarchiques d'âmes qui progressent et montent vers Dieu, les entités les plus mauvaises sont les moins évoluées. Tous évoluent, du plus pervers à l'ange, et de l'ange aux hiérarchies supérieures mais sans entités éternellement diaboliques, car celles-ci ont toujours la possibilité de se régénérer par la souffrance *en passant par les épreuves des réincarnations*. C'est la tradition du principe du mal transitoire des religions antiques.

La Théosophie (1) moderne fait reposer la base de toutes ses doctrines sur les trois lois suivantes : 1° la Réincarnation ; 2° la Loi de causalité ou de justice immanente (Karma) suivant laquelle chacun récolte ce qu'il a semé ; 3° l'Évolution. Ces trois lois sont inséparablement unies entre elles et forment la base absolue et nécessaire de toute idée de justice et d'impartialité la plus stricte

(1) D'après les ouvrages de Mme Blavatsky, Mme Besant et M. Sinnet.

dans le gouvernement du monde. La destinée de l'homme est liée à la loi ; mais l'homme est *libre* de faire lui-même sa destinée. C'est lui qui en tisse les fils et s'enveloppe dans le filet de ses propres actes ; c'est de ses propres mains qu'il en trace le cours sinueux, trop souvent inextricable et sombre. C'est nous-mêmes — nous les nations et les individus — qui faisons agir notre destinée et lui imprimons sa direction. Les divisions, les haines, la férocité des races, des nations, des sociétés, des familles, des individus, créent les forces de destruction et de désolation dans les laboratoires secrets de la nature. Nous restons saisis en présence du mystère qui est notre œuvre et des énigmes de la vie que nous ne voulons pas résoudre ; puis nous accusons le grand sphinx de nous dévorer. En vérité, il n'y a pas un accident de notre vie, pas un mauvais jour ou une infortune dont on ne puisse faire remonter la cause à nos propres agissements. Si l'on trouble les lois de l'harmonie, on doit s'attendre à tomber dans le chaos que l'on a créé soi-même. Si nous sommes désarmés et emportés comme une plume dans les tourbillons de la vie, c'est en vertu de l'effet dyna mique des forces mises en activité par nos propres actes. La loi de justice (Karma) est si parfaite que si, dans le sein du plus petit atome de l'Univers, une cause fait naître une vibration inharmonique, elle est corrigée par un effet dynamique. C'est une loi d'équilibre parfait, analogue à la loi de la conservation de l'énergie ou de la transformation des forces qui opère sur tous les plans de la nature. Pour que la sanction de cette loi de justice puisse avoir lieu, il faut que la transmutation des forces puisse s'opérer sur le même plan où elles ont été générées ; et comment l'équilibre dynamique pourrait-il être rétabli si l'entité humaine disparaissait aussitôt après les avoir fait naître? L'emploi de ces forces peut être différé aussi longtemps que l'on voudra — car la Loi a pour elle le Temps — comme l'énergie d'un morceau de charbon peut être emprisonnée pendant des milliers de siècles avant d'être utilisée sous forme de chaleur et de travail. A chaque réincarnation, l'entité humaine retrouve le fil de sa destinée sous forme de résultante de toutes les forces générées dans ses vies antérieures. Ce n'est pas un principe actif analogue à une Providence qui punit ou récompense, mais une Loi mathématique. Si l'Âme n'avait qu'une vie à parcourir sur le plan physique et passait définitivement dans le ciel ou dans l'enfer, que deviendraient les forces générées dans le cours de son incarnation ? C'est pourquoi l'entité humaine ne se libère que par l'extinction de ces forces générées sur le plan physique et ce résultat ne peut être atteint qu'en menant une vie de sainteté. C'est par son libre arbitre, que l'homme s'est créé des fatalités ; c'est par son libre arbitre qu'il les augmente ou les neutralise ; c'est par sa volonté qu'il s'en libère.

Amiel, un philosophe du XIXe siècle, par une curieuse intuition, a exprimé des idées analogues sur l'Évolution et la Réincarnation, alors que celles-ci n'avaient pas encore été mises en lumière par la Théosophie, du moins sous la forme actuelle. « Celui, dit-il, qui a déchiffré le secret de la vie fixée et qui en a lu le mot, échappe à la grande roue de l'existence, il est sorti du monde des vivants, il est mort de fait... L'évolution de l'humanité est plus près de son origine que de sa clôture ; l'immense majorité de notre espèce représente la candidature à l'humanité... Les irradiations de notre esprit sont des miroitements imparfaits du feu d'artifice tiré par Brahma. Comme tout s'éclaire et devient symbole de la pensée de Dieu sur l'Univers ! Comme l'unité de tout cela m'est présente, sensible, intérieure ! Il me semble percevoir le motif sublime que, dans les sphères infinies de l'existence, sur tous les modes de l'espace et du temps, toutes les formes créées chantent au sein de l'éternelle harmonie... Le sauvage qui est en nous et qui fait notre étoffe première, doit être discipliné, civilisé, pour donner un homme. Et l'homme doit être parfaitement cultivé pour devenir un sage. Et le juste doit avoir remplacé sa volonté individuelle par la volonté de Dieu pour donner un saint. Et cet homme nouveau, régénéré, c'est l'homme spirituel. C'est l'homme céleste dont parlent les Védas, comme l'Évangile et les Mages, comme les Néo-platoniciens... Quand je pense, ajoute Amiel, aux intuitions de toutes sortes que j'ai eues depuis mon adolescence, il me semble que j'ai vécu bien des douzaines et presque des centaines de vies. Toute individualité caractérise ce monde idéalement en moi ou plutôt me forme momentanément à son image. C'est ainsi que j'ai été mathématicien, musicien, moine, enfant, mère, etc. Dans ces états de sympathie universelle, j'ai même été animal et plante (1) ».

Nous citerons encore un auteur tout à fait moderne, M. Mæterlinck (2) : « Ce qui importe à chacun de nous dans le passé, dit-il, ce qui nous en reste, ce qui est partie de nous-mêmes, ce ne sont pas les actes accomplis ou les aventures subies, ce sont les réactions morales que produisent en ce moment sur nous les événements qui ont eu lieu ; c'est l'être intérieur qu'ils ont contribué à façonner.

« Or, à chaque degré que gravissent notre intelligence et nos sentiments, la substance morale se modifie... Le passé ne s'affirme que pour ceux en qui la vie morale s'est arrêtée. Il ne se fixe dans sa forme redoutable qu'à partir de cet arrêt. A compter de ce point, il y a vraiment derrière nous de l'irréparable, et le poids de ce que nous avons fait descend sur nos épaules... Les crimes ne sont pas pardonnés au-dehors, car peu de choses s'oublient et se pardonnent dans la sphère extérieure, ils continuent de produire leurs effets

(1) Fragments du *Journal intime*, par Amiel, ancien professeur de philosophie à l'Université de Genève.

(2) *Le Temple enseveli.*

matériels, car *les lois des effets et des causes* sont étrangères à celles de notre conscience... *Notre passé fut créé par nous-mêmes* pour nous seuls. Il est le seul qui nous convienne, le seul qui ait à nous apprendre une vérité... Bon ou mauvais, étincelant ou morne, il est pour nous comme un musée qui renferme des chefs-d'œuvre uniques qui ne parlent qu'à nous... Notre passé c'est nous-mêmes, ce que nous sommes, ce que nous deviendrons... Notre passé, c'est notre secret promulgué par la bouche des années, c'est l'image la plus mystérieuse de n[illegible]re être, surprise et gardée par le temps...»

Sous le voile mystique, les mêmes idées reparaissent toujours ; la forme change, mais le fond reste le même.

L'ésotérime musulman, comme on l'a vu plus haut, fait aussi allusion à la loi de la réincarnation. Non seulement certains textes d'écrivains mystiques, mais encore quelques versets de *sourates* (1) prouvent que cette idée est loin d'être étrangère à la doctrine islamique.

(1) *L'Islamisme ésotérique*, par M. Bailly.

§ III. — *La Déification.*

Nous avons vu exprimer l'idée de déification dans les écrits de saint Denys l'Aréopagite (1), dans les doctrines des mystiques allemands du moyen âge et de Ruysbrock notamment ; nous avons vu aussi qu'elles se trouvaient reproduites dans les mysticismes musulman et hindou.

On peut trouver une allusion à ce sujet dans l'Epître de saint Paul aux Corinthiens : « Ceux que Dieu a connus dans sa prescience, dit saint Paul, il les a aussi prédestinés pour être conformes à l'image de son fils, afin qu'il fût l'aîné entre plusieurs frères ; et ceux qu'il a prédestinés, il les a aussi appelés, il les a justifiés, il les a aussi glorifiés. » Ce texte pris à la lettre est du fatalisme théiste ; aussi a-t-il donné lieu à la doctrine de la prédestination, problème redoutable qui fit naître tant de controverses religieuses et

(1) On lit dans les œuvres de Saint-Denys l'Ar. par Mgr Darboy : « Le salut n'est possible que pour les esprits déifiés, et la déification n'est que l'union et ressemblance qu'on s'efforce d'avoir avec Dieu. » C'est ce que cherchent tous les mystiques d'Occident et d'Orient.

que ne purent résoudre des théologiens tels que saint Augustin, saint Thomas et Bossuet, et des philosophes tels que Leibnitz. Tous ont bien reconnu comme des vérités absolues la prescience divine et la liberté humaine, mais ont avoué qu'ils ne pouvaient concilier ces deux vérités entre elles. Si, au contraire, on rapproche de ce verset l'idée de déification, un tout autre sens peut être donné à ce verset : saint Paul, parlant en initié, fait allusion à ceux qui arrivent à la déification quand Christ est né dans leur cœur et qui deviennent les membres de la grande Fraternité dont Jésus est l'aîné ; ceux-là seuls qui ont été appelés à entrer dans le sein des élus, des parfaits, et qui, par leur conduite, ont justifié la faveur divine, ont été prédestinés à remplir ces hautes fonctions et à être glorifiés. Sans torturer le texte de ce verset, il est permis de dire que deux idées très importantes y sont contenues : d'abord, l'idée de déification possible y est implicitement contenue puisque Jésus est considéré comme un frère aîné entre plusieurs frères, et ensuite l'idée d'une grande Fraternité y est nettement exprimée.

L'idée de déification fut condamnée par le concile de Vienne au commencement du XIVe siècle quand elle fut reprise par les sectes mystiques, Beghards et autres. Leurs doctrines furent condensées par l'Eglise et formulées en quelques articles dont les principaux étaient : 1° que l'homme peut parvenir dans cette vie au dernier degré de perfection possible à l'humanité ; 2° que dans cet état, il peut parvenir à la béatitude finale en cette vie et obtenir le même degré de perfection, qu'il aura dans l'autre ; 3° que, dans ce cas, il n'est plus tenu à obéir et à pratiquer les préceptes de l'Eglise ni à pratiquer la vertu.

Pour les mystiques, l'idée de déification découle naturellement de leurs conceptions sur le développement de l'âme ; ce n'est que par étapes successives, par la *foi*, la *dévotion*, la vraie *connaissance* (Shrada, Bhackti, Dyan et Yoga, comme disent les mystiques hindous) que l'âme arrive à l'*union mystique* ou déification, c'est-à-dire à tuer tout sentiment de séparativité pour être un avec Dieu.

Que peuvent valoir pour le mystique les réalités symboliques du culte exotérique en face des réalités transcendantes auxquelles il croit pouvoir atteindre en vertu du pouvoir particulier qui lui permet de voir avec les yeux de l'âme ? Il n'a que faire des cérémonies du culte qui ne sont que des moyens pour arriver à la perfection ; s'il possède la perfection c'est que Christ est en lui et dans ce cas il n'a plus besoin des secours de la grâce ni des actes religieux puisque toutes les grâces sont en lui et qu'il possède tout et plus encore. Ce n'est pas de l'orgueil, c'est un sentiment de plénitude qu'un mystique seul peut comprendre.

Le temps n'est plus où chaque degré hiérarchique de l'Eglise correspondait à un degré de l'échelle mystique et où le supérieur pouvait juger l'inférieur parce qu'il avait une connaissance mystique supérieure. La mysticité n'est plus fonction des dignités de l'Eglise.

Le philosophe genevois, Amiel, s'écrie : « *Etre divin, voilà le but de la vie* ; à ce moment seulement la vérité ne peut plus être perdue pour nous, parce qu'elle n'est plus hors de nous, ni même en nous, mais que nous la sommes et qu'elle est nous ; nous sommes alors une vérité, une volonté, une œuvre de Dieu. La liberté est maintenant nature, la Créature est une avec son Créateur, une par l'amour ; elle est ce qu'elle devait être, son éducation est accomplie et sa félicité définitive commence. Le soleil du temps se couche, la lumière de la béatitude éternelle paraît. Nos cœurs charnels peuvent appeler cela du mysticisme, mais c'est le mysticisme de Jésus : « Je suis un avec mon Père, vous serez un avec moi, nous serons un avec vous. » Ce précepte divin n'est-il pas encore une expression des idées de déification et de fraternité ?

§ IV. — *La Morale mystique.*

M. Ribot dit qu'actuellement chez tous les peuples civilisés, les principes les plus généraux de la morale sont les mêmes, et que ces principes n'ont, en définitive, *rien de mystique*, attendu qu'ils ne sont que les conditions d'existence de toute vie sociale. « C'est, dit-il, dans les instincts sociaux que la morale prend sa source. »

Il s'agit ici de la morale évolutionniste dérivant de la doctrine générale de l'évolution de Darwin. La question qui se pose est de savoir si, en matière de religion, la loi d'évolution peut être invoquée. M. Brochard, de l'Institut, objecte qu'il est impossible de dire que l'idée de Dieu procède de l'évolution et qu'il faudrait dire révolution avec progrès, car l'idée de Dieu — peu importe la conception, qu'elle soit antique ou moderne — a été perçue par l'esprit humain, non par transformations successives, mais d'une manière absolument différente. Ainsi, chez les Grecs, il y avait, au-dessus de Zeus, le fatum. Platon subordonnait l'idée de Dieu au principe intelligible ; pour Plotin, l'Etre suprême est l'activité que rien ne limite, ni ne conditionne ; pour Descartes et Spinoza, c'est une volonté pure ; chez les philosophes anciens, la matière est intelligible ; chez les modernes on considère la matière toujours avec l'étendue. Suivant M. Brochard, nous vivons actuellement sur un fond de la morale éclectique de V. Cousin et de Jouffroy, et c'est encore elle qui malgré les modifications plus apparentes que réelles règne dans tous nos établissements publics ou privés ; mais l'édifice, ajoute-t-il, est en ruines, et l'école n'a plus de drapeau, bien que les philosophes de l'école éclectique se soient donné, comme tâche, de constituer une doctrine morale toute philosophique et indépendante de toute confession religieuse.

Pour ce philosophe, la confusion qui existe actuellement dans les diverses thèses de morale provient de la confusion qui s'est établie entre la métaphysique, la religion et le point de vue purement scientifique (1).

Il semble que la morale évolutionniste, telle que la conçoit M. Ribot, renferme implicitement une idée contradictoire. En effet, il dit dans son ouvrage *l'Hérédité* que, si de l'époque actuelle nous remontons à travers les âges, nous retrouvons les mêmes principes de morale inscrits dans les monuments égyptiens, dans le code mosaïque, dans les lois de Manou et les livres sacrés de la Chine, documents qui sont eux-mêmes, ajoute-t-il, l'écho d'une tradition plus ancienne.

Si M. Ribot admet l'hypothèse que, dans la nuit des temps, ces principes de morale aient subi une lente transformation, au fur et à mesure que les liens sociaux se consolidaient, et que, par hérédité, la conscience individuelle se soit enrichie d'une somme de tendances (sympathie, attraction du semblable vers le semblable, amour des parents, etc.) (2), nous dirons avec M. Sergi (3), un des chefs les plus éminents de la psycho-physio-

(1) *Revue philosophique*, 1901 et 1902.
(2) *Psychologie des sentiments* par M. Ribot.
(3) *Psycho-physiologie* par M. Sergi.

logie, que tous ces sentiments, comme celui du respect de la vie et de la propriété d'autrui, sont inspirés pour que la réciprocité existe, et dérivent, quant au fond, de l'instinct de la conservation. On pourra, par un raisonnement spécieux, transformer les tendances affectives en tendances altruistes, il n'en restera pas moins illogique de faire sortir celles-ci de la conscience individuelle dont le principe d'action, qui est l'instinct de la conservation, est en contradiction avec toute idée d'altruisme et de sacrifice désintéressé. Il faut recourir à l'intervention de la Conscience universelle pour expliquer l'existence de pareilles idées dans la conscience individuelle. Quant à l'idée pure en soi du Bien et du Devoir des philosophes éclectiques et quant à la conception d'une volonté pure dans la conscience individuelle, il ne peut évidemment s'agir que d'une émanation de l'Esprit pur, c'est-à-dire de Dieu. Que serait, en effet, une volonté, comme dit M. Brochard, qui se substituerait à la volonté humaine ? D'où viendrait-elle ? Hypothèse absurde et ne reposant sur aucun fondement.

Il ne faut pas confondre non plus la morale mystique avec « l'instinct religieux » de M. Renan, basé sur l'intuition d'un idéal (1). Cette morale intuitive, variable avec chaque conscience humaine, équivaudrait à la confusion des langues. La morale mystique a atteint le but le plus haut que l'homme puisse viser : c'est le don complet de soi sans qu'aucun élément personnel puisse s'y mêler, attendu que ce don a été précédé de toute élimination d'éléments personnels. Le point culminant de la moralité est ce magnifique élan de générosité qui pousse le mystique à l'oubli de soi, au sacrifice du désintéressement absolu, et cela par l'amour pur et universel.

Certains auteurs (2) disent que la sainteté trop parfaite des mystiques, des bouddhistes, est de l'égoïsme subtilisé. D'autres disent que l'excès même de l'amour divin entoure le cœur du mystique d'une atmosphère égoïste. « Le vrai mystique ressemble bien à cet alcyon dont parle saint François-de-Sales ; son nid repose sur les flots, impénétrable à la mer, ouvert seulement du côté du ciel », dit M. Godfernaux (3).

(1) Confusion faite par M. Guyau, dans l'*Irreligion de l'avenir*.

(2) M. Guyau.

(3) Citation faite par M. Godfernaux dans la *Revue philosophique*.

De telles conceptions proviennent de ce que l'on considère seulement une période particulière de la vie mystique, celle où l'Ego commence à se détacher de la vie personnelle et lutte péniblement encore avec les sens et les entraînements de l'intellect. C'est que le *Grand-Œuvre*, comme disaient les alchimistes, est commencé : on craint les accidents, les heurts qui peuvent briser le vase fragile contenant la précieuse substance, c'est la vigilance égoïste du savant qui veille jalousement sur l'œuvre mystérieuse qui s'accomplit dans son laboratoire secret ; mais quand l'œuvre est parachevée et n'a plus à craindre le maniement brutal de la foule, alors il fait à l'humanité le don de sa sublime découverte, non en vue de la richesse et des honneurs, mais par un sentiment d'amour qui s'ignore. Le savant, comme le vrai mystique, n'a qu'un seul plaisir, celui de donner au monde les fruits de son travail. Pendant la période d'incubation, il y a eu un retrait de la vie sociale, mais ensuite il y a le retour en vue du bien à faire, non pas un retour vers la vie affective d'une forme plus pure, mais un retour en vertu d'un acte d'expansion de la conscience individuelle, reflet infiniment petit de l'expansion grandiose de la Conscience universelle.

Après la victoire du soi supérieur sur le soi inférieur, le mystique, qui a réalisé en lui le plein épanouissement de sa haute conscience spirituelle et qui est devenu maître absolu des sens et de son intellect, ne craint plus d'affronter les dangers de la vie sociale. Il cherche alors à remplir ce qu'il considère comme des missions particulières en fondant des ordres religieux, ou en s'adonnant à des prédications. C'est qu'alors le mystique, ne vivant plus qu'en Dieu, se considère comme mort au monde et un instrument de la volonté divine.

Bien que la morale mystique soit la forme la plus élevée de la morale humaine, elle n'est que relative, car elle ne peut s'appliquer qu'à ceux qui sont sur les hauts sommets de la spiritualité, et non indistinctement à tous les milieux sociaux. Longtemps encore, il faudra canaliser les efforts de la masse vers un but moins élevé et plus compréhensible, en lui donnant comme boussole une morale utilitaire.

Toute idée de morale absolue — qu'on la fasse procéder de l'intuition ou de l'évolution de la métaphysique ou d'une révélation divine — est une utopie comparable à celle qui veut établir une égalité dans les intelligences humaines en appliquant les mêmes méthodes de culture. Dans une même classe d'enfants, il y aura toujours des différences dans l'assimilation des enseignements et un classement possible, et cela malgré l'habileté des professeurs et l'excellence des méthodes d'instruction; de même, dans toute société humaine, il y aura toujours différents niveaux dans les couches sociales. Malgré le fond commun qui sert de base à la morale proprement dite, la morale du prêtre n'est pas celle du soldat; la morale d'une nation chrétienne ne sera pas celle d'une nation encore sauvage. La morale est donc forcément relative puisqu'elle ne peut être universellement appliquée.

Une morale religieuse qui serait fondée sur une révélation donnée une fois pour toutes pécherait évidemment par la base, car il faudrait admettre ou que le progrès humain est limité ou que cette morale renferme tous les préceptes à quelque degré de civilisation qu'une nation puisse atteindre. Qu'est-ce qu'une morale qui serait utile aux uns, inutile aux autres, et qui renfermerait des préceptes divins susceptibles de tomber en désuétude quand ils ne s'adapteraient plus aux besoins sociaux ? Elle serait évidemment chimérique (1).

Il ne paraît pas si évident que la morale n'ait rien eu de mystique, comme le prétendent certains philosophes, car on trouve qu'à chaque apparition d'une nouvelle forme de mysticisme, l'instructeur qui la mit en lumière fit des tentatives pour épurer la morale existante, tandis qu'il conserva inchangeables et immuables les grands principes de la doctrine ésotérique, tels que la fraternité et le renoncement absolu et les transmit à des disciples choisis qui furent chargés de la mission de porter la lumière au reste de l'humanité sous une forme plus concrète et assimilable au milieu social de l'époque.

Comment la morale des religions exotériques a-t-elle été fondée ? Ce n'est sûrement pas en vertu de ces grands principes, car en subordonnant le droit à la foi et la moralité à la croyance religieuse, on a commis la plus triste iniquité ; c'est-à-dire la violation de la conscience. Il a fallu la renaissance d'une morale philosophique indépendante de toute foi religieuse pour ramener l'esprit de tolérance et d'humanité et arriver enfin aux

(1) Opinion émise par Mme Besant dans son livre *le Dharma*.

principes de 89, la liberté, l'égalité et la fraternité. Ces principes issus de la tradition sacrée et ésotérique étaient restés incompris pendant des siècles et des siècles et ont fait soudain explosion en irradiant la conscience humaine de leur lumière aveuglante. Bien des fausses conceptions terniront encore pendant longtemps cette pure lumière, mais celle-ci a déjà filtré à travers le cœur humain en transmuant ces idées sous un nom nouveau comme l'altruisme dont la science veut faire une idée pure ou une tendance innée. Ces grandes idées en passant par le laboratoire de l'esprit humain, ne servent qu'à creuser lentement et progressivement les canaux par lesquels la vie divine doit se déverser. La révélation ne joue qu'un rôle préparatoire pour permettre à la semence divine de germer et de s'épanouir dans la conscience humaine, car la révélation serait restée lettre morte sans la préexistence du germe divin dans l'homme, et n'aurait pas produit plus d'effet que si elle avait été faite à des animaux. Pour expliquer comment la monade qui a évolué dans le cycle animal arrive au stade humain, le mysticisme théosophique moderne admet qu'au moment où la monade s'éveille du long sommeil de l'inconscience, celle-ci, possédant en elle les rudiments d'intelligence et de dévouement, s'élève peu à peu dans l'échelle d'évolution jusqu'au point où un Influx divin la *crée* âme humaine. Cette théorie peut servir de pont pour relier deux doctrines philosophiques qui, jusqu'ici, ont toujours paru inconciliables : celle de l'expérience ou de l'*empirisme* et celle de la raison considérée comme unité substantielle ou comme une sorte d'entité distincte dans l'âme humaine. Les philosophes, qui admettent que l'intelligence doit nécessairement préexister comme unité substantielle pour faire les différences et les comparaisons parmi les phénomènes du domaine des sens, n'expliquent pas la genèse du germe intellectuel. Les empiriques, qui ne voient dans la raison qu'une somme de connaissances acquises par les expériences récoltées dans le cours de la vie sensible, attribuent à l'expérience un rôle prématuré parce qu'ils font naître primitivement l'intelligence de rien et qu'ils confondent le terrain de culture avec le germe, tandis que les théosophes concilient les doctrines philosophiques et la loi d'évolution en indiquant la genèse des germes d'intelligence pure, de volonté pure et de spiritualité et en la faisant dériver de l'Influx divin qui fait d'une monade animale arrivée à l'individualisation, une âme humaine.

C'est là le véritable sens de la création pour cette école mystique.

Le positivisme n'est qu'un mot nouveau sous lequel les doctrines de l'empirisme sont reproduites avec cette différence qu'il introduit un facteur nouveau : l'hérédité. L'hérédité joue évidemment un grand rôle pour la transmission des instincts et des sentiments inférieurs résultant des besoins de la vie physique, mais le rôle de l'hérédité diminue à mesure que l'intelligence se développe, et en ceci, les doctrines théosophiques ne diffèrent pas des doctrines scientifiques. En effet, « les sentiments, dit M. Ribot, sont d'autant plus transmissibles qu'ils sont simples et liés à l'intelligence... et l'intelligence devient de moins en moins transmissible à mesure qu'elle croît en complexité... M. Candolle dit que les dispositions morales et intellectuelles lui paraissent moins héréditaires que les formes extérieures et les dispositions purement physiques. »

Si l'hérédité joue un rôle effacé dans les domaines moral et intellectuel, on doit en inférer que la mysticité, qui est le summum du sentiment moral, doit être encore moins transmissible.

Il faut donc écarter l'idée d'une transmission héréditaire par les idées mystiques.

Une objection peut être faite à la conception théosophique : c'est celle d'un enfant né de parents alcooliques qui de ce fait reçoit une tare héréditaire pouvant consister en des impulsions criminelles presque irrésistibles. Dans ce cas, les germes physiques auraient une répercussion manifeste sur le moral de l'individu.

Nous citerons, à ce sujet, un passage d'une conférence (1) faite à des mystiques hindous par Mme Besant : « Un crime même est moins pernicieux pour l'âme que l'idée fixe, continuelle — que le développement d'un cancer au centre de la vie. Une *fois commise*, une *action est morte* et la souffrance qui lui succède est une leçon nécessaire. La pensée, au contraire, se propage et vit. Comprenez-vous cela ? Oui ? Alors, vous comprendrez aussi pourquoi, dans les Écritures (hindoues), vous trouvez un Dieu plaçant sur le chemin d'un homme l'occasion de commettre un crime auquel

(1) *Le Dharma*, par Mme Besant (ouvrage théosophique).

cet homme aspire et qu'en réalité il commet dans son cœur. » En appliquant cette thèse au cas d'un enfant né de parents alcooliques, on peut dire qu'une telle incarnation procure à une entité humaine l'occasion d'extirper de mauvaises tendances qui couvaient à l'état latent; si celles-ci existaient, elles sont poussées irrésistiblement à s'extérioriser par le fait des forces physiques transmises par l'hérédité, effet analogue au poison qui est introduit dans un organisme pour faire sortir les impuretés qui le vicient.

On voit que l'hérédité joue un certain rôle, mais qu'il est loin d'être le principal, tandis que le véritable rôle est joué par l'âme réincarnante contenant en elle tous les germes, depuis le plus faible degré de moralité jusqu'au plus haut degré qui lui permettra de détruire en elle toutes les tendances instinctives. Il faut admettre aussi que la révélation joue un rôle important, mais qu'elle n'a pas été faite d'une façon absolue et une fois pour toutes, car toute morale devant être progressive, et adéquate au degré d'évolution de l'humanité, sera toujours forcément relative (1).

(1) Saint Augustin dit, lib. I, V. 2 : « Les préceptes sont donnés par celui-là seul qui sait appliquer au genre hu-

La conclusion qui s'impose aussi, si l'on admet l'évolution et la réincarnation, c'est que la morale aura toujours un côté mystique ; une morale secrète pour les aînés de l'humanité dont la responsabilité est plus grande et une morale moins sévère pour les frères plus jeunes encore enivrés des plaisirs de la vie. L'intuition ne peut être admise dans la question morale que par les germes qui existent *a priori* dans une âme réincarnante ; elle n'est pas la source des idées morales, elle n'est qu'un effet du développement des germes.

Les positivistes qui considèrent que l'intelligence peut être édifiée par les expériences si courtes d'une seule vie et par l'hérédité, émettent d'abord une thèse contradictoire avec les lois qu'ils émettent au sujet de l'hérédité. Ensuite comment peuvent-ils expliquer que pendant une seule vie, dont il faut retrancher un bon tiers pour le sommeil, l'entité humaine puisse édifier une vaste intelligence, et comment l'intelligence peut-elle présenter des différences si extraordinaires chez des enfants qui ont été élevés dans un même

main les remèdes convenables aux diverses époques de son développement. » (*Sermon du Christ sur la montagne.*)

milieu et qui ont reçu par conséquent, la même somme d'expériences de la vie sensible ?

C'est par un apprentissage du renoncement progressif, par des expériences maintes et maintes fois répétées, par des efforts surhumains et continus que l'esprit arrive au renoncement absolu, c'est-à-dire à l'unification de son être avec Dieu. Peut-on concevoir que, par une faveur divine et spéciale, une grâce inouïe et inexplicable, un être humain, homme ou femme, ait reçu à sa naissance, la tendance merveilleuse qui lui permettrait d'arriver à un tel résultat dans une seule vie, et n'est-il pas plus logique d'admettre que cette tendance a été méritée et qu'elle est le fruit de l'immense travail accompli dans les cycles d'existence par l'âme humaine ?

Cette opinion manifestée par les adeptes du mysticisme universel est magnifiquement exprimée par le philosophe Amiel (1) : « Chaque sphère « de l'être tend à une sphère plus élevée et en a « déjà des révélations et des pressentiments. « L'idéal, sous toutes ses formes, est l'anticipation, la vision prophétique de cette existence « supérieure à la science, à laquelle chaque être

(1) Déjà cité.

« aspire toujours. Cette existence supérieure en
« dignité est plus intérieure par sa nature, c'est-
« à-dire plus spirituelle. Comme les volcans nous
« apportent les secrets de l'intérieur du globe,
« l'enthousiasme, l'extase sont des explosions
« passagères de ce monde intérieur de l'âme, et
« la vie humaine n'est que la préparation et l'avè-
« nement à cette vie spirituelle. Les degrés de
« l'initiation sont innombrables. Ainsi, veille,
« disciple de la vie, chrysalide d'un ange, tra-
« vaille à ton éclosion future, car l'odyssée divine
« n'est qu'une série de métamorphoses de plus en
« plus éthérées, *où chaque forme, résultat des*
« *précédentes, est la condition de celles qui la*
« *suivent*... Bon gré, mal gré, il y a une *doc-*
« *trine ésotérique*, il y a une *révélation relative* ;
« chacun entre en Dieu autant que Dieu entre
« en lui et, comme le dit le mystique Angelus
« Silesius : l'œil par où je vois Dieu est le même
« œil par où il me voit... Le Christianisme, s'il
« veut triompher du panthéisme, doit l'absorber ;
« pour nous, pusillanimes d'aujourd'hui, Jésus
« serait entaché d'un odieux panthéisme, car il a
« confirmé le mot biblique : *Vous êtes des dieux*...
« A notre siècle, il faut une dogmatique nouvelle,

« c'est-à-dire une explication plus profonde de la « nature du Christ et des éclairs qu'elle projette « sur le ciel et l'humanité. »

Certains théologiens disent que le mysticisme hétérodoxe n'est qu'une déviation ou une déformation du mysticisme catholique. Si l'on remonte à sa source primitive, comme nous l'avons fait dans cette esquisse, on est fondé à imputer, au contraire, cette déviation au mysticisme catholique, car l'on voit que, malgré toutes les tentatives sanglantes de l'Eglise pour redresser l'esprit mystique, celui-ci, comme un arbre indéracinable et flexible, a plié sous l'ouragan, mais s'est toujours redressé plus vivace que jamais dans le sens du mysticisme alexandrin. On pouvait espérer qu'après les hécatombes innombrables des mystiques hétérodoxes, l'Eglise aurait enfin fondé le mysticisme orthodoxe sur des bases solides lorsqu'elle fut appelée à trancher à nouveau un débat mystique, non plus entre de simples particuliers, mais entre ses prélats les plus éminents, Bossuet et Fénelon. Que conclure de toutes ces luttes, sinon que dans le sein de l'Eglise, les conceptions ne sont pas très nettes en matière de mysticisme? Loin d'avoir été étouffé, l'esprit mystique semble renaître dans l'ère qui s'ouvre et il semble que de nouvelles forces soient lancées pour combattre le matérialisme envahissant; mais l'écho de la grande voix mystique provient des sanctuaires antiques et non plus des sanctuaires chrétiens.

Si jamais les arches d'un pont immense peuvent relier toutes les religions, et si la même pensée peut unir tous ceux qui aspirent à n'avoir qu'une seule patrie dans le sein de Dieu, c'est dans le mysticisme universel qu'il faudra en chercher les éléments.

Mais le mysticisme universel n'est autre chose, quant au fond, que l'ésotérisme dont l'existence ne peut être mise en doute si l'on veut bien rapprocher les débris de l'antique tradition, et comparer les trois curieux monuments traditionnels que présentent les mystères gnostiques, les mystères des bardes gallois et les poèmes hindous (Pouranas).

On verra que, malgré leur apparence dissemblable due à la diversité des races, il y a un tel fond primitif et original que l'on ne peut expliquer cette communauté d'origine que par la tradition ésotérique.

CHAPITRE VI

I. LES TRADITIONS RELIGIEUSES ET LA TRADITION ÉSOTÉRIQUE. — II. LES MYSTÈRES GNOSTIQUES. — III. LES MYSTÈRES DES BARDES GALLOIS ET LES LOIS DE MANOU. — IV. CREDO ÉSOTÉRIQUE.

§ I. — *Les Traditions religieuses et la tradition ésotérique.*

Une tradition religieuse est constituée par un ensemble de témoignages qui attestent la vérité de faits et de dogmes. La doctrine a été d'abord révélée et ensuite transmise de générations en générations ; mais chaque religion ayant une révélation particulière qu'elle croit supérieure aux autres et la seule d'autorité divine, il s'ensuit qu'elle rejette toutes les autres comme étant purement humaines et soumises à l'erreur.

Ces diverses traditions ont suscité la haine

religieuse dans l'humanité et ont été les plus terribles ferments de discorde parmi les peuples, et cependant la religion, suivant l'étymologie du mot, aurait dû engendrer l'union et l'harmonie.

Si encore, chaque religion avait gardé sa tradition pure et intacte, on aurait évité les divisions et les haines farouches dans le sein d'un même groupement religieux, tandis que l'histoire nous fait assister aux plus terribles déchirements intérieurs, et nous montre les effets funestes du fanatisme religieux.

Que voit-on, par exemple, dans l'Eglise catholique ? Une tradition qui s'est subdivisée en trois grands courants ou plutôt en trois traditions particulières : catholique, protestante et grecque. Et pourquoi le schisme d'Orient ? Il s'agissait de décider si le Saint-Esprit procède du Père seul ou du Père et du Fils. Une subtilité théologique, dans une controverse au-dessus des connaissances humaines, fut cause, dans cette circonstance, d'une déviation grave dans la tradition. A combien de conciles et à quelles cruelles et sanglantes répressions l'Eglise a-t-elle dû recourir pour fonder son unité dogmatique, et encore celle-ci est plus apparente que réelle si l'on considère l'émiettement de la foi dans le monde catholique où chacun se fait une opinion particulière sur tel ou tel dogme ?

La grande question est de savoir si l'Eglise a conservé pure et intacte la tradition primitive, tant pour les usages que pour les doctrines du divin Maître.

La différence radicale qui se présente entre le Christianisme primitif et le catholicisme, c'est dans la diffusion de la doctrine. Au début de l'ère chrétienne, il y eut une double doctrine, l'une exotérique à l'usage de la foule, et l'autre ésotérique, réservée aux disciples d'élite ; cela est prouvé par les témoignages irrécusables des Pères de l'Eglise, organes de la tradition : Tertullien, Origène, saint Clément d'Alexandrie, saint Ambroise, saint Cyrille de Jérusalem, saint Basile, saint Grégoire de Nazianze, saint Jean Chrysostome et saint Augustin (1). Actuellement, l'Eglise n'a qu'un seul enseignement, le même pour tous. Qu'est donc devenu l'enseignement ésotérique ?

Si celui-ci ne comportait rien de plus que l'en-

(1) Voir pour les références la préface de Mgr Darboy, *op. cit.*

seignement donné par l'Eglise, comment pourrait-on expliquer toutes les nombreuses allusions aux mystères que l'on rencontre, tant chez les Pères de l'Eglise que dans les œuvres de saint Denys l'Aréopagite. C'est ainsi que l'on peut lire dans les écrits de ce dernier auteur : « Tout initiateur est d'abord sanctifié par la *connaissance* des sacrés mystères et, pour ainsi dire, *déifié* en raison de sa nature, de son aptitude et de sa dignité... Les choses sacrées sont des tableaux de celles que les sens ne perçoivent pas... Ce n'est que par le moyen de grossières images que nous pouvons arriver à la contemplation des choses divines... Le vulgaire n'a considéré que les *voiles sensibles* du mystère, tandis que l'hiérarque s'est élevé jusqu'aux *types intellectuels* des cérémonies (1). »

Si les mystères avaient été impénétrables à l'esprit humain comme le prétend actuellement l'Eglise, pourquoi les appeler des secrets augustes, et pourquoi l'Eglise primitive aurait-elle exigé le serment traditionnel de ne communiquer qu'aux hommes divins les choses divines, et aux par-

(1) *Id.*, p. 77, 79, 87, 95.

faits les choses parfaites, et aux saints les choses saintes. Il fallait donc que la compréhension des mystères fût possible, et non pas impénétrable à l'esprit humain, pour que les Pères de l'Eglise les aient cachés avec un soin aussi scrupuleux.

De plus quelle est la part qu'il convient de faire à la tradition orale et à la tradition écrite alors que Jésus-Christ n'a rien écrit, qu'il n'a point ordonné à ses apôtres d'écrire, que sept d'entre eux n'ont rien laissé par écrit, que les autres n'ont fait traduire aucun livre de l'Ecriture, que la plupart des versions n'ont été faites que longtemps après eux, à mesure que les Eglises sont devenues nombreuses dans les différentes parties du monde? « Ce sont là des faits positifs, dit M. de Genoude, qui ne se détruisent point par des présomptions (1). »

Cette question de la tradition est donc très difficile à élucider, mais il est inutile de recourir davantage à des textes pour acquérir la certitude que la tradition exotérique a dévié de la doctrine primitive ; il suffit de consulter l'histoire pour se rendre compte que le principe essentiel de la doc-

(1) *Les Pères de l'Eglise*, vol. IV, p. 7.

trine du divin Maître a subi la plus grave atteinte. Un mot particulier venant de l'Eternel a été apporté par l'Homme divin à l'humanité pour hâter son progrès moral, ce mot — c'est la *bonté* — exprimé par cette sentence qui résume toute la doctrine du Christ : « Aimez-vous les uns les autres. » L'Eglise qui avait reçu mission de faire germer cette divine semence a-t-elle toujours pratiqué indistinctement pour tous les membres de l'humanité, le sentiment de fraternité exprimé par le Christ? Ceux-là mêmes qui ne partageaient pas la foi catholique, et même chrétienne comme les hérétiques et les infidèles, avaient-ils été exclus par le Christ quand il a dit : « Ne faites pas à autrui ce que vous ne voudriez pas qu'on vous fît. » Remarquons que le Maître s'est servi du mot « autrui » et non pas du mot « chrétien ».

Au contact des passions, ce précepte divin a été obscurci et déformé ; le fanatisme et la haine ont fait leur œuvre de destruction. Au lieu de la tolérance religieuse qui devait être la première manifestation de la bonté, on a vu s'élever une vie de violence, et de cruauté, notamment contre les mystiques qui cherchaient à ramener la tradition dans sa voie primitive. Qui donc a ramené l'esprit de tolérance dans l'humanité ? La critique scientifique en attribue le mérite aux philosophes sceptiques du XVIIe et du XVIIIe siècle. Où donc ces philosophes incrédules auraient-ils été puiser de telles idées, si la lumière ésotérique, ce flambeau intérieur de toutes les religions, comme l'appelle M. Schuré, n'était pas au fond du cœur humain comme une vérité centrale et indestructible ? Sans cette lumière intérieure qui sert de phare à la tradition exotérique, celle-ci se perdrait dans la violence des passions ou dans les ténèbres de l'ignorance humaine. C'est que la tradition ésotérique a une base solide et inébranlable, et qu'elle sert non seulement de support à toutes les religions, mais qu'elle reste fixe et immuable au milieu de tous les changements du monde. La versatilité humaine n'a pas de prise sur ce roc. Il y a des traditions exotériques ; il n'y a, quant au fond, *qu'une tradition ésotérique*.

Comme le dit M. Schuré, toutes les grandes religions ont une histoire extérieure et une histoire intérieure, l'une apparente, l'autre cachée ; la première, l'histoire officielle, celle qui se lit partout, se passe au grand jour ; elle n'en est pas moins obscure, embrouillée, contradictoire ; la seconde, la tradition ésotérique est la science profonde, la doctrine secrète, l'action occulte des grands initiés.

Il ne faut pas croire que ces mystères, qui se passaient aussi bien dans le fond des temples que dans le cœur des extatiques, n'aient pas eu une répercussion considérable sur l'humanité. Toute l'antiquité a montré de la vénération pour les mystères. Les Grecs considéraient les mystères d'Eleusis comme la fleur de leur religion et l'expression la plus élevée des conceptions humaines. Aristophane relate dans ses écrits que tous ceux qui participaient aux mystères menaient une vie innocente et pure. Cicéron, dans son livre des Lois, déclare que les hommes, par le secours des mystères, apprenaient non seulement à vaincre et à vivre dans la paix, mais à mourir dans l'espérance d'un avenir meilleur.

M. Matter dit que l'initiation et les mystères de la Grèce furent une affaire nationale d'un intérêt puissant pour la religion, le monde, la politique, les arts d'un des peuples les plus célèbres du monde ancien.

Quand un peuple tombe en décadence, devient incapable de garder la pure tradition et tombe dans la superstition religieuse, une aube mystique se lève dans un autre horizon. C'est ainsi qu'après la décadence de la Grèce et sa chute dans l'anarchie et dans la tyrannie, on vit refleurir la tradition ésotérique, non dans la civilisation romaine livrée aux pires excès de l'orgie, mais dans le sein de ceux qui avaient conservé la pure doctrine de Pythagore et de Platon. L'ordre des Esséniens (du mot syriaque Asaya, médecin), dernier reste des confréries de prophètes organisées par Samuel, avait des règles très sévères et était organisée hiérarchiquement en différents degrés comme l'initiation dans les écoles de Pythagore. Répandus par petits groupes en Palestine et en Judée, ils menaient une vie austère, probe et très pure tout en étant très active pour subvenir aux besoins de la communauté. On retrouve dans la doctrine de ces mystiques les mêmes grands principes : l'idée de la préexistence de l'âme, le principe le plus élevé de la morale, celui de l'amour du prochain mis en avant comme le premier devoir (1). C'est dans ce milieu que fut attiré Jésus par une affinité naturelle, et c'est de ce centre

(1) *Les Grands Initiés*, par E. Schuré (p. 472 et suivantes).

mystique que le Maître reçut la tradition ésotérique, mais c'est lui aussi qui laissa à cette secte le germe d'où devait sortir la floraison gnostique.

C'est ainsi que fut construit le pont qui devait relier la tradition ancienne avec celle des mystères gnostiques. M. Matter exprime une profonde vérité quand il dit que le Gnosticisme fut une sorte de milieu, de fusion, entre les mystères de l'antiquité et le Christianisme (1).

§ II. — *Les Mystères gnostiques.*

La critique (2) a établi qu'il est faux de prendre les Gnostiques pour des hérétiques ou des déserteurs du Christianisme, mais qu'ils étaient des théosophes, c'est-à-dire des philosophes attachés à une science mystérieuse émanant, suivant eux, de la Sagesse divine, et transmise secrètement de génération en génération par une race sainte. On a souvent parlé des mystères des Gnostiques et de l'initiation que des chefs accordaient à leurs adeptes ; mais on n'a que des idées confuses sur

(1) Article Gnosticisme (Franck, *op. cit.*)
(2) Mémoire de M. Matter, lu à l'Institut en 1834.

ces mystères et sur leur filiation avec les mystères de l'antiquité.

M. Matter, l'éminent écrivain, qui a jeté quelque lumière en France sur ce sujet si difficile, a fait ressortir dans un mémoire lu le 31 janvier 1834 à l'Institut, qu'on parle généralement d'initiation et de mystères gnostiques, qu'on voit ces initiations et ces mystères imités de la Grèce, mais qu'il est difficile d'éclaircir ce sujet, par la raison bien simple qu'on ne possède plus aucun texte gnostique de quelque étendue, et que le peu qu'on en possède provient d'écrivains hostiles qui, en combattant les doctrines gnostiques, se gardèrent bien de faire connaître tout ce qu'ils avaient pu en entrevoir. « Si l'on consulte, dit-il, les opinions qui ont été émises sur ce sujet par les savants, on voit que les écrivains, comme M. de Sainte-Croix par exemple, copient simplement une opinion ou plutôt une phrase de Tertullien, *adversaire passionné* des Gnostiques ; leur opinion est que les mystères des Valentiniens étaient regardés comme une continuation ou une résurrection de ceux d'Eleusis, que les Gnostiques et les hiérophantes se servaient des mêmes mots mystiques, tout en y attachant un sens différent. D'après l'opinion de l'évêque Münter, les mystiques étaient des philosophes que ne pouvait satisfaire la simplicité du Christianisme et qui cherchaient à se dérober aux persécutions par le voile dont ils couvraient leurs croyances. »

Les témoignages fournis par Origène, saint Irénée et Tertullien sont tellement nombreux, si nets et si positifs, au sujet des mystères gnostiques que leur existence ne peut être mise en doute. M. Matter déclare qu'il considère l'ésotérisme des Gnostiques comme prouvé et que c'est précisément l'ésotérisme qui caractérise le plus les doctrines gnostiques. « L'ésotérisme était, dit-il, adopté dans les écoles de beaucoup de philosophes, dans celles de Pythagore, de Platon, de Plotin, de Porphyre et de Proclus. »

Il ajoute qu'il résulte des témoignages mêmes des Pères de l'Eglise :

« 1° Que les Gnostiques prétendaient tenir, par voie de tradition une doctrine secrète bien supérieure à celle que renferment les écrits publics des apôtres ;

« 2° Que, non seulement, ils ne communiquaient pas cette doctrine à tout le monde, mais que parmi eux-mêmes il y en avait à peine, si nous en croyons saint Irénée, un sur mille et deux sur dix mille qui en connussent les derniers mystères ;

« 3° Qu'ils communiquaient au moyen d'emblèmes, de symboles ;

« 4° Que, suivant l'opinion chrétienne, ils imitaient dans ces communications les rites et les épreuves des mystères d'Eleusis, quoiqu'on nous laisse dans le vague sur ces épreuves et sur ces rites. »

D'autres auteurs, saint Epiphane, Théodoret et saint Augustin, parlent des mystères du Gnosticisme de la manière la plus positive ; mais leur opinion a peu de valeur, car ils n'ont connu que les ruines gnostiques ; d'ailleurs, tous ces écrivains paraissent, en général, avoir accueilli trop facilement les bruits vulgaires.

M. Matter dit encore qu'entre les mystères de la Grèce et ceux des Gnostiques, il y avait au moins ces conformités : « 1° qu'avant de devenir *épopte* on passait par plusieurs grades ; 2° qu'on distinguait les grands et les petits mystères ; 3° que tout le monde n'arrivait pas aux dernières communications ; 4° qu'au contraire le nombre de ceux qui y parvenaient était très petit. »

Chez les Grecs, il y avait une époque déterminée, deux mois dans l'année, pour l'initiation ; de plus, on exigeait des dispositions morales et on soumettait les récipiendaires aux épreuves du jeûne et de la continence.

Les Gnostiques imposaient aussi des épreuves pour s'assurer des dispositions morales des récipiendaires, mais avec moins de rigorisme.

L'initiation grecque se faisait de nuit et donnait lieu à des purifications, à des lectures, des rituels, des chants, des scènes allégoriques et des processions publiques.

L'initiation gnostique se composait d'un acte de lustration ou d'un baptême plus ou moins analogue à celui des chrétiens, d'une sorte de cène ou repas mystique qui se rapprochait de la communion de l'Eglise, de l'explication de quelques tableaux allégoriques, du chant de quelques hymnes et de la récitation de certaines prières.

Ces différences entre les initiations grecque et gnostique, proviennent, suivant M. Matter, de ce que, pour les Gnostiques, leur culte et leurs mystères étaient une affaire privée, tandis que les mystères de la Grèce, au contraire, étaient une affaire nationale.

Le baptême gnostique conférait une sorte de sacerdoce. Il y avait une alliance mystique de l'homme avec « son ange », son « *ferouer céleste* ».

Le banquet mystique donnait lieu à une cérémonie où le chef de l'école frappait, dit saint Irénée, les regards des adeptes de toutes sortes de prodiges en faisant des invocations à la divine Charis (l'un des premiers Eons ou des premiers attributs du Père suprême). M. Matter dit que ces invocations, ces actes et ces vœux étaient évidemment symboliques, que tout cela cachait sans doute, sous les symboles généralement admis dans l'Eglise, des opinions bien différentes de celles du Christianisme, et que ces cérémonies constituaient évidemment, suivant eux, un second degré d'initiation. Il y en avait, dit-il, une troisième, mais les chefs du Gnosticisme gardaient sans doute leurs derniers secrets pour leurs amis les plus intimes.

Le sceau des gnostiques (σφραγις) était l'emblème de l'initiation, mais M. Matter ne pense pas qu'il ait été une marque extérieure, un symbole matériel. Les pierres gnostiques étaient des amulettes et servaient de talisman pour la transmigration des âmes.

D'après les théories mystiques de ces théosophes, l'initiation procurait des privilèges extraordinaires. Non seulement les initiés apprenaient la science suprême et acquéraient de puissantes facultés, mais ils changeaient même de nature : d'êtres matériels, ils devenaient immatériels, impénétrables, invisibles, égaux à l'Eon Christos, et capables de faire des miracles et de dominer les anges.

Les plus graves accusations ont été portées par les Pères de l'Eglise aussi bien contre les mystères d'Eleusis que contre les mystères gnostiques. M. Matter fait observer que toujours, les réunions secrètes ont été l'objet de bruits défavorables. « Ces écoles, dit-il, ne nous paraissent pas avoir été des écoles de désordre... Si Tertullien reproche aux Valentiniens d'avoir fait, des mystères d'Eleusis, des mystères de prostitution, si saint Epiphane insinue que les mystères des Phibionites (secte gnostique) avaient 365 grades et qu'on les parcourait par 365 grades de prostitution, n'est-on pas amené, par des exagérations si évidentes, à se rappeler involontairement que les païens du IIIe siècle accusaient les chrétiens d'adorer, dans leurs mystères, un dieu à tête d'âne, d'égorger de jeunes enfants, d'en boire le sang et de se livrer, les flambeaux éteints, aux embrassements les plus criminels ? Or, les assertions des écrivains profanes à cet égard sont encore plus formelles que celles des chrétiens à l'égard des gnostiques. Et pourtant qui a jamais pu y ajouter foi ? »

M. Matter dit que la plupart des gnostiques ont professé le système de l'émanation et il résume toutes leurs doctrines en cinq idées fondamentales que nous citerons textuellement :

« 1° Le Plérôme, l'ensemble des perfections divines, est tout ce qui existe réellement, éternellement.

« 2° Le déploiement de ces perfections a donné une existence passagère à un grand nombre d'êtres émanés du Plérôme, mais tous graduellement plus imparfaits les uns que les autres, tous d'autant moins purs et plus malheureux à mesure que, sur l'échelle des émanations, ils s'éloignent davantage de l'Être suprême qui est seul la perfection absolue.

« 3° Les plus orgueilleux et les plus puissants de ces Eons ou de ces anges réunissant leurs efforts à ceux de leur chef Jaldabaoth, ont créé, pour se rendre indépendants de l'Être suprême, le monde visible, matériel, les planètes qu'ils habitent et la terre où ils ont relégué les hommes créés par eux, mais gratifiés en dépit d'eux de quelques rayons émanés de l'Être suprême.

« 4° L'existence de tous ces êtres, éons et hommes, n'est qu'une carrière d'épreuves, de regrets et de souffrances. C'est aussi une carrière de purification. Ceux des Eons qui ont conservé et ceux des hommes qui ont reçu quelque rayon de lumière divine, et qui le suivent s'élèveront au-dessus du monde matériel, grâce à la rédemption de l'Eon Christos qui est venu de la part du Père suprême, traverser les régions planétaires, pour en délivrer les habitants se réunir dans ce monde, dans le baptême du Jourdain, à l'homme-Jésus, enseigner la doctrine de la vérité, la *Gnosis*, et ramener dans le sein de Dieu ceux qui la suivront fidèlement. Ces derniers, les Gnostiques ou les *pneumatiques*, qui reçoivent dans l'*initiation* le véritable Evangile, tandis que les *psychiques* ou les chrétiens ne possèdent que l'Evangile altéré par les apôtres, traverseront heureusement les diverses régions des anges inférieurs où s'arrêtèrent les simples psychiques et rentreront dans le plérôme pour prendre part au banquet de la sophia céleste, c'est-à-dire au bonheur de l'Être suprême avec lequel ils se confondront de nouveau. Les hommes tout à fait matériels, les *hyliques*, ne s'élèveront pas même jusque dans la région planétaire.

« 5° Pour achever heureusement cette migration à travers les régions planétaires, les pneumatiques doivent être marqués du sceau des élus, et obtenir, par des prières de la part des anges, la permission de traverser leur empire. »

Nous ne retiendrons de ce résumé que les grands principes de l'Unité et de l'Emanation, et nous ajouterons à ces idées essentielles celles de la transmigration des âmes et de la perfection des êtres jusqu'à l'état divin. En effet (1), d'après les écrits de saint Irénée, nous voyons : 1° que les gnostiques admettaient le passage des âmes d'un corps dans un autre, et qu'elles ne gardaient aucun souvenir de ce qu'elles avaient été dans leur transmigration ; 2° qu'ils se proclamaient des hommes spirituels parce qu'une parcelle de la semence divine avait été déposée en eux, semence

(1) Page 205 des *Pères de l'Eglise*, par M. de Genoude, 3e vol.

qui rendait leur âme de la même nature que celle du Demiourgos, et qui, réunie à la matière, prenait forme et accroissement, prodige qui s'opère par l'union des contraires, esprit-matière (1) ; mais il faut une descente de l'Esprit dans l'âme humaine pour lui donner ensuite la perfection et l'intelligence ; 3° que les purs esprits sont dans le *Plerum* et que les justes sont dans la région du milieu, lieu de repos ou de moyennes régions, et cela en vertu d'une loi organique ; la 3e catégorie d'âmes qui participent de la matière devront rester en dehors (2) ; 4° que les hommes ont besoin de tout apprendre et de tout savoir, afin que, parvenus à ne rien ignorer dans cette vie, ils arrivent ainsi à la perfection, leur esprit étant de même nature que celui du Christ, ils lui soient semblables, et que même, dans cet état, dans certaines circonstances, ils lui soient supérieurs en vertu (3). Toutes ces idées sont reproduites par saint Irénée qui les combat en s'élevant avec véhémence contre les Gnostiques.

(1) Page 54, *id.*

(2) Page 190. *Pères de l'Eglise*, par M. de Genoude, 3e volume.

(3) Pages 203 et 204. *Id.*

Le Gnostique Cérinthe professa : 1° que Jésus était né de la même manière que naissent les autres hommes, que sa justice, sa profondeur et sa sagesse furent sans égales et firent de lui un être supérieur aux autres hommes ; 2° que Dieu envoya sur lui, aussitôt qu'il eut été baptisé, le Christ, et qu'après cela il prêcha au monde la révélation du Dieu inconnu et la perfection des vertus ; 3° qu'à la fin le Christ se sépara de lui et s'envola dans les régions supérieures. Jésus aurait souffert seul sa passion et serait ressuscité Christ, être spirituel et impassible de sa nature (1).

M. Mead, auteur anglais d'un ouvrage remarquable sur les Gnostiques, dit que la Gnose était préchrétienne, que le Christ illumina sa tradition, et par ses enseignements publics divulgua ce qui avait été tenu secret sur la création du monde, ou en d'autres termes, révéla les degrés des mystères. « Le véritable enseignement de la Gnose, dit M. Mead, illumina les énigmes et les paraboles. Les enseignements éthiques ou « les paroles du Seigneur », de même que les paraboles, ont besoin d'être interprétés. Le sens littéral suffisait

(1) Page 84, *Pères de l'Église*, par M. de Genoude, 3e volume.

au peuple ; mais il y avait, pour celui qui est spirituellement avancé, un sens intérieur qui était révélé au véritable gnostique. En dehors de l'enseignement éthique et des idées obscures et incompréhensibles qui servaient aux non initiés, il existait une instruction toute spéciale, une doctrine intérieure ou ésotérique dont seuls profitaient ceux qui en étaient dignes... Les Gnostiques avaient par habitude de diviser l'humanité en trois classes : 1° la plus basse celle des hyliques, était composée de ceux qui étaient entièrement morts pour les choses spirituelles ; 2° La classe intermédiaire des psychiques, qui croyaient aux choses spirituelles, mais qui n'étaient que de simples croyants, demandant des miracles et des signes pour réconforter leur foi ; 3° les pneumatiques ou ceux qui étaient capables d'apprendre sur les matières spirituelles, c'est-à-dire ceux qui recevaient la gnose. »

Dans leur escatologie ou doctrine des « choses finales », la vie future pour l'humanité à la fin d'un cycle mondial, donne un « nirvana » aux spirituels, la béatitude aux psychiques, tandis que les hyliques restent dans l'obscuration de la matière.

« Toute la doctrine mystique, ajoute M. Mead, se résume dans la conception d'une loi cyclique pour l'âme universelle et l'âme individuelle. C'est ainsi que nous trouvons les Gnostiques enseignant invariablement non seulement la préexistence, mais aussi la réincarnation des âmes humaines ; et bien que la consolante doctrine de l'absolution des péchés fût un des principaux caractères de leurs dogmes, ils s'en tenaient strictement à l'activité infaillible de la grande Loi de cause à effet. »

Si l'on compare ces idées fondamentales à celles qui ont été exprimées dans le chapitre précédent, on voit qu'elles se rattachent au système théosophique, c'est-à-dire à la tradition de l'antique Sagesse.

Ce que l'on connaît des doctrines gnostiques a si peu d'étendue que tous les auteurs sont d'accord pour reconnaître que, non seulement l'histoire du Gnosticisme n'est pas connue, mais aussi que le Gnosticisme ne l'est pas lui-même.

Si on se place au point de vue du mysticisme universel, et si l'on se débarrasse de toute la phraséologie plus ou moins symbolique, on voit que la tradition ésotérique a pris la forme gnostique qui paraissait le mieux s'adapter pour amener la fusion des doctrines grecque, juive et chrétienne.

Mais le Christianisme naissant étouffa sous le poids de ses dogmes ce que saint Irénée appelle l'hydre gnostique.

Malgré cet échec et la disparition de la forme extérieure de ce mysticisme, l'esprit gnostique ne s'est pas perdu et s'est transmis de génération en génération en vitalisant d'autres formes mystiques par la reproduction des vérités essentielles déjà énumérées.

Nous allons voir une frappante analogie avec une autre forme de mysticisme, la doctrine des Bardes qui, elle, paraît se rattacher à la tradition hindoue.

§ III. — *Le Mystère des Bardes.*

M. Pictet, auteur d'une étude sur le mystère des Bardes de l'Ile de Bretagne, ou la doctrine des Bardes Gallois du moyen-âge sur Dieu, la vie future, la transmigration des âmes, dit qu'il faut que la valeur intrinsèque de cette doctrine ait bien quelque importance pour qu'elle réponde d'une manière complète à certaines aspirations impérieuses de notre époque. Elle touche aux systèmes philosophiques les plus profonds comme aux traditions les plus reculées de l'Inde sans aucune trace de théologie ni de métaphysique scolastique. « Tout, dans ces triades, idées et terminologie fond et forme, indique une origine à part ; et, à travers les obscurités d'une exposition morcelée, incomplète, étrangère à nos formules logiques, l'œil plonge avec étonnement dans les horizons lointains d'un monde idéal tout nouveau.

« Il y a, disent les bardes gallois, trois unités primitives, et de chacune il ne saurait y avoir qu'une seule : un Dieu, une vérité, et un point de liberté, c'est-à-dire le point où se trouve l'équilibre de toute opposition. »

Ce point a fait l'objet de nombreux commentaires ; nous pensons, en ce qui nous concerne, que ce point est une allusion à la matière qui est le point de résistance de la force (dualité Esprit-matière).

« De l'Unité primitive, émane toute l'infinie multiplicité des choses, afin que les créatures douées d'intelligence puissent se développer, se reconnaître et distinguer ce qui doit être, le bien, de ce qui ne doit pas être, le mal.

« Il y a trois causes (originelles) des êtres vivants : l'amour divin en accord avec la suprême intelligence, la sagesse divine par la connaissance parfaite de tous les moyens, et la puissance de Dieu en accord avec la suprême volonté, l'amour et la sagesse. »

« Il y a, dit la XIIe triade, trois cercles (ou sphères) d'existence : le *cycle de Ceugant*, c'est-à-dire la sphère de la région vide où, excepté Dieu, il n'y a rien ni de vivant ni de mort, et nul être que Dieu ne peut le traverser; le cercle d'*Abred*, c'est-à-dire de transmigration, où tout être animé procède de la mort, et l'homme l'a traversé ; enfin, le cercle de Gwynfyd, c'est-à-dire de la félicité, où tout être animé procède de la vie, et l'homme le traverse dans le ciel. »

M. Pictet signale la coïncidence remarquable de ces cercles d'existence avec la disposition circulaire des vieux monuments druidiques. Le plus célèbre de tous, Stonhenge, était appelé le cercle géant, le grand cercle, et l'expression de *cylch bid*, le cercle du monde, revient plus d'une fois dans les anciens poëmes des bardes.

« Nous ferons remarquer la frappante analogie qui existe entre les enceintes des vieux temples hindous et les dispositions circulaires des monuments druidiques. Mme Besant, dans son livre, *Vers le Temple*, compare les diverses initiations par lesquelles une âme doit passer avant sa libération à différents portails d'un temple présentant des enceintes circulaires et concentriques. Ces images sont frappantes en ce sens qu'elles expriment toujours la même idée ésotérique sous les multiples aspects qui la voilent.

« Il y a, dit la XIIIe triade, trois états d'existence des être animés : l'état d'abaissement dans Annwn (l'abîme), l'état de liberté dans l'humanité et l'état d'amour ou de félicité dans le ciel. Annwn est la région ténébreuse remplie de mystères où toute chose préexiste à l'état encore informe pendant la période d'involution (ce qu'on peut comparer à l'avitchi des Hindous). Le commentateur du texte fait remarquer que cette idée d'une région de ténèbres, qui sert comme de fond au monde des existences réelles, et qui renferme la matière de toutes choses, se retrouve surtout dans les doctrines gnostiques. Enregistrons en passant cette continuité de la tradition ésotérique. Dans Annwn, comme dans l'avitchi, nous avons le côté sombre de la vie humaine « où la nécessité règne exclusivement avec les ténèbres ». Cette nécessité est ce que la XVIIIe triade appelle une des trois calamités primitives. Les deux autres sont la perte de la mémoire et la mort.

La XVIIe triade compte trois causes de la nécessité du cercle d'Abred : 1° le développement de la substance matérielle de tout être animé ; 2° le développement de la connaissance de toute chose ; 3° le développement de la force morale pour surmonter tout contraire et pour se délivrer du mal. Et, sans cette transition de chaque état de vie, il ne saurait y avoir d'accomplissement pour aucun être.

« Il faut, ajoute M. Pictet, que la créature traverse le cercle d'Abred pour y revêtir d'abord sa forme matérielle dans Annwn (l'abîme) et pour arriver ensuite par la liaison et le contrôle de l'âme et du corps, par l'opposition du sujet à l'objet, à la connaissance, c'est-à-dire à la conscience d'elle-même et du monde extérieur, comme de deux termes distincts. Il faut enfin pour que l'homme accomplisse sa destination finale que le principe de la volonté libre se développe en lui par la lutte, et acquière assez de puissance pour surmonter l'opposition des principes ennemis...

En arrivant à la conscience de lui-même et à la connaissance, l'homme devient un être libre ; mais il est voué à la mort, et s'il ne s'est pas élevé assez haut pour échapper aux liens d'Abred, il ne meurt que pour y renaître sous une autre forme, et en perdant la mémoire de son existence passée. Cette mémoire des transmigrations accomplies, n'est rendue à l'homme que quand il a réussi à se délivrer du cercle d'Abred, et qu'alors seulement, il embrasse d'une seule vue rétrospective les divers termes de sa vie individuelle... Se souvenir dans le monde déjà de ce qu'on a été antérieurement à la dernière naissance, est un privilège extraordinaire conféré à quelques natures exceptionnelles seulement ; si la tradition l'attribue au barde Taliesin, c'est qu'elle en fait un être merveilleux redescendu sur la terre des régions du ciel. »

La doctrine bardique embrasse l'évolution au-dessus de l'homme divin. « Délivré du mal, de la mort et de l'ignorance, en pleine possession de son génie primitif et des pures félicités de l'amour, l'homme néanmoins ne s'arrêtera pas dans une monotone éternité de bonheur incompatible avec sa nature. Un champ indéfini d'activité intellectuelle et de progrès lui restera toujours ouvert dans l'étude inépuisable des œuvres de Dieu. Aux trésors de science accumulés par le souvenir complet de ses existences passées, il ajoutera sans cesse de nouveaux trésors, car l'univers entier s'ouvrira devant lui comme un livre. Et non seulement il abordera des sphères nouvelles, mais il pourra, s'il le veut, et comme dit la triade, en vue du jugement et de l'expérience, repasser par toutes les migrations, c'est-à-dire redescendre sur la terre, mais, comme de raison, avec les privilèges d'un habitant de Gwynfyd ou du Ciel. »

Remarquons en passant la saisissante analogie entre la doctrine bardique et l'ésotérisme musulman et théosophique sur l'existence des Maîtres, avec cette différence que, pour ces mystiques, ce ne sont point des traditions merveilleuses, comme celles qui entourent la mémoire de Taliesin et de Myrddin, mais que ce sont des réalités.

Enfin une dernière triade clôt dignement la doctrine bardique sur Dieu et la vie future : « Trois nécessités de Dieu : être infini en lui-même, être fini par rapport au fini et être en accord avec chaque état des existences dans le cercle de Gwynfyd (ou de félicité). » Cela signifie, dit M. Pictet, que dans l'éternel « Ceugant », le cercle de l'Esprit pur, Dieu restera toujours infini et immuable, mais dans Gwynfyd il pénétrera de son esprit toutes les créatures ; il les embrassera d'un lien commun d'amour et d'harmonie, après les avoir aidées à se dégager librement des liens d'Abred, instrument temporaire et désormais brisé.

Tels sont les principes essentiels de la doctrine bardique qu'il serait impossible de concevoir comme ayant été créés de toutes pièces par les bardes gallois du moyen âge (1). Comment peut-on expliquer autrement que par la tradition ésotérique cette identité d'enseignements dans des pays aussi éloignés les uns des autres et aussi différents sous tant de rapports? Aussi, cette analogie a frappé le commentateur. M. Pictet dit que, dans les idées des bardes, la transmigration s'étendait à tous les règnes de la nature et à toutes les époques de l'histoire. « Si, dit-il, nous connaissions les détails du système, tel qu'il existait sans doute chez les anciens druides, nous

(1) Jean Reynaud dans son livre « *L'Esprit de la Gaule* » dit que « non seulement l'antiquité n'hésite point à rapprocher les doctrines des Druides de l'école de Pythagore, mais elle les y incorpore tout à fait. »

trouverions probablement de curieuses analogies avec la métempsycose indienne », et il cite, à ce sujet, le verset suivant de Vichnou-Pourana : « Les divers degrés de l'existence, ô Matreya, sont les choses inanimées, les poissons, les oiseaux, les animaux, les hommes, les saints, les dieux et les esprits parvenus à la délivrance. Chacun de ces degrés en succession est mille fois supérieur à celui qui précède ; et par tous ces degrés doivent passer tous les êtres qui sont au ciel ou dans l'enfer avant d'obtenir la délivrance finale! »

Complétons la pensée de l'auteur en citant quelques stances du poème sacré, la Bhagavad-Gita :

« Un homme ne peut s'anéantir, s'il est bon, il « se rend à la demeure des purs, il y habite un « grand nombre d'années ; puis il renait dans une « famille de purs et de bienheureux, ou même de « sages pratiquant l'union mystique. Alors, il re- « prend le pieux exercice qu'il avait pratiqué dans « sa vie antérieure, et il s'efforce davantage vers « la perfection, car sa précédente incarnation « l'entraine sans qu'il le veuille, lors même que, « dans son désir d'arriver à l'union, il transgresse « la doctrine brahmanique. Le Yogui purifié de ses

« souillures, perfectionné par plusieurs naissances,
« entre enfin dans la voie suprême. Il est alors
« considéré comme supérieur aux ascètes, supé-
« rieur aux sages, supérieur aux hommes d'action.
« Unis-toi donc, ô Arjuna, car entre tous ceux qui
« pratiquent l'union, celui qui, venant à moi dans
« son cœur, m'adore avec foi, est jugé par moi
« le mieux uni de tous... C'est la voie suprême ;
« quand on l'a atteinte, on ne revient plus... Voilà
« l'éternelle double route, claire ou ténébreuse,
« objet de foi ici-bas, conduisant d'une part, là
« d'où l'on ne revient plus ; et, de l'autre, là d'où
« l'on doit revenir. C'est la science souveraine,
« le souverain mystère, le suprême purificateur,
« saisissable par l'intuition immédiate, conforme
« à la loi, agréable à accomplir, inépuisable.

« Les hommes qui ne croient pas en sa confor-
« mité à la loi ne viennent pas à moi et retournent
« aux vicissitudes de la mort.

« C'est moi qui, doué d'une forme visible, ai
« développé cet Univers ; en moi sont contenus
« tous les êtres, et moi je ne suis pas contenu en
« eux (1) ».

(1) Pozzani, *op. cit.*

§ IV. — *Credo ésotérique.*

Nous voyons donc qu'après avoir interrogé toutes les doctrines mystiques qui nous sont parvenues depuis la plus haute antiquité jusqu'à nos jours, nous y trouvons une parfaite unanimité sur les principes essentiels : d'unité, d'émanation et d'évolution, de réincarnation, d'une loi mathématique dirigeant l'humanité avec une parfaite justice, de la perfection des êtres humains jusqu'à la déification et d'une ascension plus haute encore, et enfin de la loi d'union mystique par le renoncement et le sacrifice.

Nous voyons en outre que, par une intuition vraiment remarquable, des philosophes sont arrivés à des conceptions analogues. Les grandes idées réapparaissent à toutes les époques de l'histoire, sans distinction de castes, de religions et de races ; elles mûrissent à l'insu des hommes et se répandent avec une rapidité inouïe, malgré les haines religieuses et les persécutions qu'elles suscitent.

N'est-ce point là la véritable révélation divine faite par les divers fondateurs des religions ?

Un admirable sujet à méditer est le passage suivant extrait de la Palingénésie du philosophe français Ballanche :

« Les destinées humaines n'auraient-elles une direction que chez le peuple hébreu ? Le reste des nations aurait-il été abandonné à l'incertitude de la pensée humaine dépouillée à la fois de toute révélation et de toute tradition ? Tous les documents de l'histoire, tous les témoignages des siècles seraient-ils menteurs à ce point ? Ceux à qui fut attribuée l'éminente fonction de civiliser les hommes, voulez-vous les faire descendre de la sphère élevée où ils dominent pour les changer, de votre propre autorité, en de vils et heureux imposteurs ?... Voulez-vous enfin substituer les aveugles contingences du hasard au gouvernement régulier, à la conduite initiatrice de la Providence ? Voulez-vous encore donner un démenti formel à la plupart des premiers Pères de l'Eglise qui n'ont pas hésité à reconnaître des missions dans la gentilité ? Et surtout, n'est-il pas écrit dans les Actes des Apôtres que Dieu ne s'est jamais laissé sans témoignage ? N'est-ce pas en cela que consistent les traditions générales du genre humain, traduites dans toutes les langues, acclimatées chez tous les peuples, selon le génie des peuples et des langues, transformées dans tous les cultes, selon les temps et les lieux? N'est-il pas écrit, dans les mêmes Actes des Apôtres que Moïse s'était instruit dans toute la science des Egyptiens ? Or, la science des Egyptiens entrait donc au moins dans les voies préparatoires pour nos propres traditions... J'entends la foi, dit ailleurs Ballanche, dans un sens étendu, planant au-dessus de toutes les religions pour ne s'appliquer qu'à ce que j'appelle les traditions générales, la religion universelle du genre humain. »

C'est cette tradition générale que nous avons cherché à faire ressortir dans cette étude. L'idéal qu'elle suscite est certes le plus élevé que l'on puisse soumettre à l'humanité souffrante. Ce n'est certes pas celui d'un Dieu de colère et de vengeance qui punit d'une éternité de malheurs une vie mal employée, il est vrai, mais si rapide qu'elle a passé comme une seconde dans le temps ; ni celui d'un Dieu d'amour qui récompense d'une éternité de délices une vie humaine dont le bon emploi dérive le plus souvent des conditions matérielles dans lesquelles elle se trouve.

Dans l'Idéal qu'offre la tradition ésotérique, on voit l'humanité entière gravir une immense échelle dont chaque échelon est une vie physique où chacun récolte ce qu'il a semé, et où il sème à son tour pour la vie suivante ; en vertu d'une loi de justice parfaite chaque vie de travail, de probité et d'honneur porte l'être humain à des degrés supérieurs, et lui donne une accalmie dans des sphères supérieures jusqu'à ce qu'il atteigne la perfection par l'union mystique, et arrive enfin à la libération nirvanique où tout est gloire, amour, harmonie et bonheur.

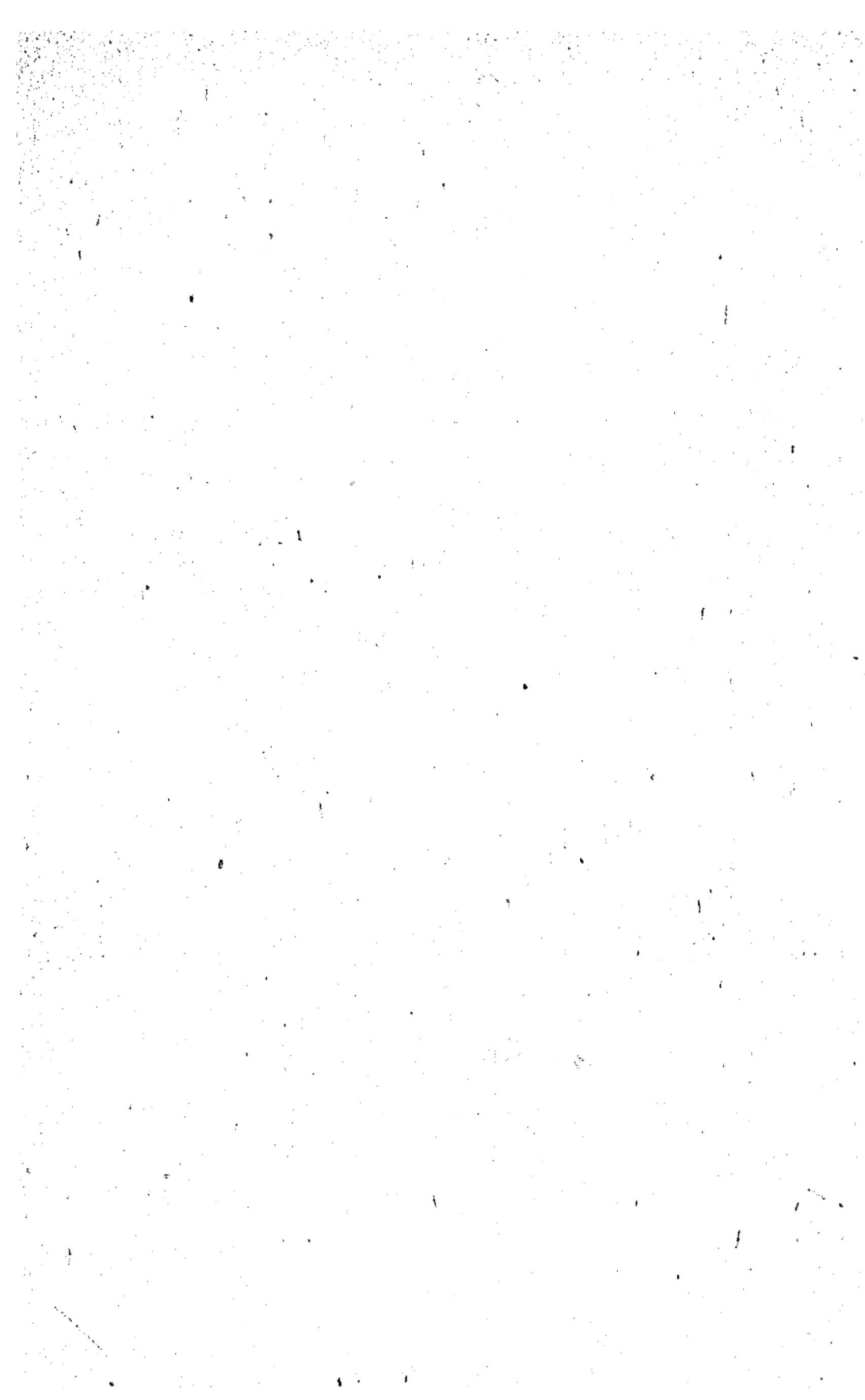

TABLE DES MATIÈRES

CHAPITRE PREMIER

CHAPITRE II

CHAPITRE III

CHAPITRE IV

CHAPITRE V

CHAPITRE VI

Buzançais (Indre), Imprimerie F. Deverdun.

www.ingramcontent.com/pod-product-compliance
Lightning Source LLC
Chambersburg PA
CBHW050122210326
41519CB00015BA/4072